VR 虚拟现实
VIRTUAL REALITY

商业模式+行业应用+案例分析

卢博 著

人民邮电出版社
北京

图书在版编目（CIP）数据

VR虚拟现实：商业模式+行业应用+案例分析 / 卢博著. -- 北京：人民邮电出版社，2016.9（2021.7重印）
ISBN 978-7-115-42428-0

Ⅰ. ①V… Ⅱ. ①卢… Ⅲ. ①数字技术—研究 Ⅳ. ①TP391.9

中国版本图书馆CIP数据核字（2016）第123678号

内 容 提 要

本书既有详细、全面的实际操作方法，又有真实的案例剖析，并配有直观清晰的图片，极具实用性和权威性。全书共分为16章，具体内容包括："虚拟现实：开启VR体验的全新时代""产品服务：令人惊叹的身临其境体验""商业模式：虚拟现实打造财富新思路""互动营销：用虚拟现实助力产品销售""场景营销：紧密结合营销方式与生活"，以及虚拟现实在医疗健康、娱乐游戏、军事航天、城市规划、旅游行业、房地产、工业生产、能源仿真、应急推演、科研教学、影音媒体领域的应用。

本书适合对虚拟现实行业感兴趣的投资者和创业者、虚拟现实设备厂商、虚拟现实企业经营和管理人员等阅读使用。

◆ 著　　　　卢　博
责任编辑　恭竟平
责任印制　周昇亮

◆ 人民邮电出版社出版发行　　北京市丰台区成寿寺路 11 号
邮编 100164　电子邮件 315@ptpress.com.cn
网址 http://www.ptpress.com.cn
北京虎彩文化传播有限公司印刷

◆ 开本：700×1000　1/16
印张：15.75　　　　　　　2016 年 9 月第 1 版
字数：292 千字　　　　　 2021 年 7 月北京第 11 次印刷

定价：49.80 元

读者服务热线：(010)81055296　印装质量热线：(010)81055316
反盗版热线：(010)81055315
广告经营许可证：京东市监广登字 20170147 号

前言

　　无论你是即将进军虚拟现实行业的创业者，还是虚拟现实行业相关领域的从业人士，都在面临着巨大的挑战和商机。

　　本书紧扣虚拟现实，从两条线进行了讲解。第一条是内容线，主要从虚拟现实的系统分类、技术特点、研究状况、硬件外设、典型产品、APP 应用、软件平台、产业链、商业模式、互动营销以及场景营销等方面进行了阐述，以使读者对虚拟现实有初步的了解；第二条是案例线，深入浅出地阐述了虚拟现实技术在 11 大行业领域中的实际应用，以加深读者对虚拟现实的了解。

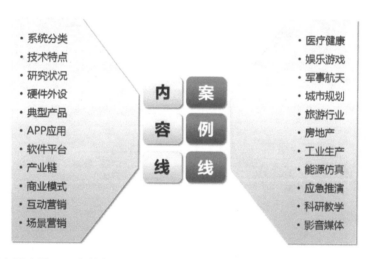

　　本书主要有以下两大特色。

　　（1）实战最强：16 章专题内容详解，11 大行业领域发展，20 多个完美单品介绍，100 多张图片全程放送，200 多张图解全程解析。

　　（2）模式最新：基础＋技术＋应用＋案例，全方位地讲解虚拟现实，让读者体会到不一样的精彩。

　　由于作者知识水平有限，书中难免有错误和疏漏之处，恳请广大读者批评、指正，联系邮箱：feilongbook@163.com。

目录 | Contents

第 1 章　虚拟现实：开启 VR 体验的全新时代

1.1 认识虚拟现实技术 / 2

1.1.1　定义 / 2

1.1.2　系统组成 / 3

1.1.3　发展历史 / 4

1.2 虚拟现实的特征 / 5

1.2.1　存在性 / 5

1.2.2　交互性 / 6

1.2.3　创造性 / 7

1.2.4　多感知性 / 7

1.3 虚拟现实系统分类 / 7

1.3.1　可穿戴式 / 8

1.3.2　桌面式 / 8

1.3.3　增强式 / 9

1.3.4　分布式 / 11

1.4 虚拟现实系统的主要技术 / 11

1.4.1　三维图形实时生成技术 / 12

1.4.2　立体显示技术 / 12

1.4.3　传感反馈技术 / 12

　　　1.4.4　语音输入输出技术 / 13

1.5　虚拟现实系统中人的感知因素 / 13

　　　1.5.1　虚拟现实与人的视觉 / 13

　　　1.5.2　虚拟现实与人的听觉 / 13

　　　1.5.3　虚拟现实与触觉和力觉 / 14

1.6　虚拟现实技术的研究状况 / 14

　　　1.6.1　国外的研究状况 / 15

　　　1.6.2　国内的研究状况 / 17

　　　1.6.3　虚拟现实技术的发展领域 / 18

第 2 章　产品服务：令人惊叹的身临其境体验

2.1　虚拟现实硬件外设概况 / 21

　　　2.1.1　立体眼镜 / 21

　　　2.1.2　高清数字头盔 / 22

　　　2.1.3　数据手套 / 23

　　　2.1.4　虚拟试衣镜 / 23

　　　2.1.5　动作捕捉系统 / 24

　　　2.1.6　空间交互球 / 24

　　　2.1.7　位置跟踪器 / 25

　　　2.1.8　虚拟驾驶系统 / 26

　　　2.1.9　裸眼立体显示系统 / 27

　　　2.1.10　力反馈器 / 27

　　　2.1.11　三维扫描仪 / 28

　　　2.1.12　多通道环幕投影系统 / 28

　　　2.1.13　CAVE 虚拟系统 / 29

2.1.14　交互式触屏系统 / 29

2.2　虚拟现实典型产品介绍 / 29

2.2.1　谷歌眼镜 / 30

2.2.2　暴风魔镜 / 31

2.2.3　三星 Gear VR3 / 33

2.2.4　乐视 VR 头盔 / 35

2.2.5　蚁视 3D 头盔 / 37

2.2.6　索尼 HMZ-T3W / 38

2.2.7　爱维视 w100 / 38

2.2.8　爱视代 G4 / 39

2.2.9　小宅魔镜 / 40

2.3　虚拟现实 APP 介绍 / 41

2.3.1　虚拟现实视频 APP：Vrse / 41

2.3.2　虚拟现实恐怖游戏 APP：Sisters / 42

2.3.3　虚拟现实电影游戏 APP：Legendary VR / 42

2.3.4　拍摄虚拟现实电影 APP：VR ONE Cinema / 43

2.4　虚拟现实软件平台 / 43

2.4.1　SmartCollision™ / 44

2.4.2　proSense / 45

2.4.3　Amira / 45

2.4.4　FreeForm / 46

2.4.5　Terra Vista / 47

2.5　虚拟现实工作站平台 / 47

2.5.1　三维图形工作站 / 47

2.5.2　虚拟现实工作站 / 48

2.5.3　非线性编辑站 / 48

第 3 章 商业模式：虚拟现实打造财富新思路

3.1 虚拟现实产业不断发展 / 51

　　3.1.1　硬件水平相对成熟 / 51

　　3.1.2　进军和布局 / 52

3.2 虚拟现实的产业链逐渐打通 / 53

　　3.2.1　个性化的硬件设备产业 / 53

　　3.2.2　丰富的虚拟现实内容 / 55

　　3.2.3　VR 平台格局雏形初见 / 55

3.3 虚拟现实商业模式逐渐成形 / 56

　　3.3.1　虚拟现实企业获得良好资金支持 / 56

　　3.3.2　"虚拟现实＋各行各业"高速增长 / 56

　　3.3.3　线下体验市场即将引爆 / 56

　　3.3.4　用户付费下载模式 / 57

　　3.3.5　广告营收模式 / 57

3.4 虚拟现实实际的商业化应用 / 57

　　3.4.1　打造虚拟现实网络售楼 / 57

　　3.4.2　虚拟现实结合商业游戏 / 57

　　3.4.3　360°虚拟现实视频 / 58

　　3.4.4　虚拟 3D 彩色全息图像 / 58

　　3.4.5　多人混合虚拟现实 / 59

　　3.4.6　虚拟现实体验馆 / 60

3.5 虚拟现实的商业前景分析 / 61

　　3.5.1　技术的研究 / 61

　　3.5.2　产品的开发 / 62

3.5.3 靠拢移动端 / 62

第 4 章 互动营销：用虚拟现实助力产品销售

4.1 虚拟现实：互动营销的必备手段 / 64

4.1.1 用户希望获得逼真体验 / 64

4.1.2 带给顾客多重感官体验 / 65

4.1.3 一种更好的零售体验 / 66

4.2 "虚拟现实＋互动营销"案例分析 / 66

4.2.1 菲亚特 AR "Fiat 500 Abarth"赛车 / 66

4.2.2 碧浪洗衣粉 AR 时尚洗衣游戏机台 / 68

4.2.3 OLAY "AR 超时空水舞"互动体感游戏 / 68

4.2.4 华纳兄弟"绿光战警 AR 变身活动" / 68

4.2.5 纳智捷 MVN 人体惯性动作捕捉系统 / 69

4.2.6 菲律宾本田汽车，指尖体验 AR 技术 / 70

4.2.7 标致汽车让赏车体验更生动有趣 / 70

4.2.8 Bean Pole 服饰 Bean Pole Jeans 互动舞台 / 71

4.2.9 Thinkpad 计算机 AR 增强现实营销 / 71

4.2.10 品客超炫 3D 足球互动游戏 / 71

4.2.11 MACALLAN 互动 AR 新酒发表会 / 72

4.2.12 伊蒂哈德球场的 360°之旅 / 72

4.2.13 百事足球嘉年华之 AR 互动游戏 / 73

第 5 章 场景营销：紧密结合营销方式与生活

5.1 场景营销：虚拟现实的应用场景 / 75

5.1.1 虚拟现实（VR）场景 / 75

　　5.1.2　增强现实（AR）场景 / 79

　　5.1.3　现实生活里的场景营销 / 81

　　5.1.4　PC 场景营销 / 83

　　5.1.5　移动场景营销 / 83

5.2　"虚拟现实＋场景营销"案例分析 / 84

　　5.2.1　英特尔：抓蝴蝶活动，创场景营销新路 / 84

　　5.2.2　沃尔沃：360° 体验新 XC90 车 / 86

　　5.2.3　Dior Eyes：创造了一个 3D 沉浸式场景 / 86

　　5.2.4　GoT Exhibit：借助虚拟现实参观虚幻世界 / 88

　　5.2.5　Ocean Spray：创虚拟现实最美丰收短片 / 88

　　5.2.6　北面：消费者挑战虚拟现实极地之旅 / 89

第 6 章　虚拟现实在医疗健康领域的应用

6.1　行业分析 / 92

　　6.1.1　医学练习 / 94

　　6.1.2　医疗培训与教育 / 96

　　6.1.3　康复训练 / 97

　　6.1.4　心理治疗 / 99

6.2　案例分析 / 101

　　6.2.1　Maestro AR 3D 机器人手术仿真技术 / 101

　　6.2.2　卡伦临床虚拟现实康复系统 / 102

　　6.2.3　BZ/M-750 内窥镜手术虚拟现实训练系统 / 106

　　6.2.4　虚拟现实技术对中风病起作用 / 108

　　6.2.5　Veloporter：在家也能体验室外健身 / 109

　　6.2.6　SimPractice 系统：腹腔镜 VR 训练 / 111

第 7 章 虚拟现实在娱乐游戏领域的应用

7.1 行业分析 / 114

　　7.1.1　三维游戏的牵引作用 / 114

　　7.1.2　理想的视频游戏工具 / 115

　　7.1.3　虚拟现实的艺术魅力 / 116

7.2 案例分析 / 116

　　7.2.1　Gear VR：游戏与全景视频体验 / 117

　　7.2.2　澳航（Qantas）：提供虚拟现实机上娱乐系统 / 117

　　7.2.3　Oculus Rift：虚拟现实沉浸式恐怖游戏 / 118

　　7.2.4　HTC Vive：利用 Vive 功能玩虚拟现实游戏 / 119

　　7.2.5　Trimersion：360° 头部跟踪的跨平台产品 / 120

　　7.2.6　3Glasses：中国创造原生 VR 力量 / 122

　　7.2.7　福斯汽车 Scirocco Cup 增强现实挑战赛 / 124

　　7.2.8　意大利健达在线 AR 赛车游戏 / 124

　　7.2.9　Oculus Platform：打造虚拟现实的生态系统 / 125

第 8 章 虚拟现实在军事航天领域的应用

8.1 行业分析 / 127

　　8.1.1　军事模拟 / 127

　　8.1.2　航天航海 / 129

8.2 案例分析 / 130

　　8.2.1　HoloLens：增强现实技术和兵器装备相融合 / 130

　　8.2.2　数字沙盘：三维仿真电子沙盘系统 / 132

　　8.2.3　虚拟现实技术应用在减轻战士负荷上 / 133

8.2.4 第 5 代战机空战作战虚拟现实系统 / 134

8.2.5 达索系统：虚拟现实技术设计座舱 / 135

第 9 章 虚拟现实在城市规划领域的应用

9.1 行业分析 / 138

9.1.1 数字城市 / 140

9.1.2 地理地图 / 141

9.1.3 道路桥梁 / 142

9.1.4 轨道交通 / 143

9.2 案例分析 / 144

9.2.1 火凤凰数字城市仿真系统 / 144

9.2.2 数字城市沙盘系统 / 145

第 10 章 虚拟现实在旅游行业的应用

10.1 行业分析 / 148

10.1.1 虚拟导游训练系统 / 150

10.1.2 古文物建筑复原系统 / 151

10.1.3 景区虚拟全景规划 / 152

10.2 案例分析 / 153

10.2.1 BC 省旅游局开启虚拟现实体验 / 153

10.2.2 万豪国际"绝妙的旅行"异次元体验 / 153

10.2.3 Thomas Cook 进军虚拟现实旅游领域 / 154

10.2.4 赞那度在 VR APP 领域争先前进 / 154

10.2.5 Immersive 利用虚拟现实体验登月 / 155

10.2.6　大英博物馆让游客探索 3D 青铜时代遗址 / 156

10.2.7　典尚设计利用虚拟现实复原古代建筑和文物 / 156

第 11 章　虚拟现实在房地产领域的应用

11.1　行业分析 / 159

11.1.1　房地产开发 / 160

11.1.2　地产漫游 / 160

11.1.3　虚拟售房 / 162

11.1.4　室内设计 / 163

11.1.5　场馆仿真 / 163

11.2　案例分析 / 164

11.2.1　北京大钟寺国际广场虚拟漫游 / 164

11.2.2　日照铭泰房产虚拟现实辅助售房 / 165

11.2.3　中国科学技术馆虚拟现实场馆仿真系统 / 166

第 12 章　虚拟现实在工业生产领域的应用

12.1　行业分析 / 169

12.1.1　工业仿真 / 170

12.1.2　汽车仿真 / 171

12.1.3　船舶制造 / 174

12.2　案例分析 / 174

12.2.1　赢康科技工业仿真系统 / 175

12.2.2　3D 可视化应用软件 SView / 177

12.2.3　曼恒数字打造数字化虚拟仿真系统 / 178

12.2.4　专业工业仿真领域 VRP-PHYSICS 系统 / 179

第 13 章　虚拟现实在能源仿真领域的应用

13.1　行业分析 / 182

13.1.1　煤矿仿真 / 183

13.1.2　石油仿真 / 184

13.1.3　电力仿真 / 185

13.1.4　水利仿真 / 186

13.2　案例分析 / 187

13.2.1　基于虚拟现实的机器人作业系统 / 187

13.2.2　应急事故虚拟现实仿真系统 / 188

13.2.3　电力检测虚拟现实监控系统 / 190

13.2.4　变电站虚拟现实系统 / 190

13.2.5　矿井综采三维仿真系统 / 191

13.2.6　核电站三维仿真培训系统 / 192

13.2.7　沉浸式仿真油田系统 / 194

第 14 章　虚拟现实在应急推演领域的应用

14.1　行业分析 / 197

14.1.1　应急演练仿真培训系统的特点 / 199

14.1.2　应急演练仿真培训系统的种类 / 200

14.2　案例分析 / 204

14.2.1　搜维尔虚拟现实应急预案系统 / 204

14.2.2　地震现场救援仿真训练系统 / 205

14.2.3　矿山应急救援模拟仿真演练系统 / 207

第15章　虚拟现实在科研教学领域的应用

15.1　行业分析 / 210

15.1.1　虚拟校园 / 212

15.1.2　高等教育 / 214

15.1.3　教学课件 / 215

15.1.4　科普读物 / 216

15.1.5　技能训练 / 216

15.1.6　科研 / 217

15.1.7　实验室 / 217

15.2　案例分析 / 218

15.2.1　虚拟现实之土木工程训练系统 / 218

15.2.2　材料测试虚拟仿真实验系统 / 220

15.2.3　计量设备虚拟现实实验系统 / 221

第16章　虚拟现实在影音媒体领域的应用

16.1　行业分析 / 224

16.1.1　电视节目 / 224

16.1.2　电影 / 225

16.1.3　音乐会 / 227

16.2　实例分析 / 227

16.2.1　荷兰首个虚拟现实电影院 / 227

16.2.2　圣丹斯电影节虚拟现实项目 / 228

16.2.3　谷歌发布虚拟现实电影制作设备 / 230

16.2.4　Nurulize 拍摄虚拟现实短片《Rise》/ 231

16.2.5　Audible 的《致命钥匙》虚拟现实体验 / 231

16.2.6　洛杉矶交响乐团虚拟现实体验 / 231

16.2.7　伦敦电影节举办虚拟现实电影展 / 232

16.2.8　ABC 新闻（ABC News）《Inside Syria VR》/ 232

16.2.9　Vrtify360° 虚拟现实演唱会 / 233

16.2.10　虚拟现实音乐视频《Song for Someone》/ 234

16.2.11　三星与 Y&Y 乐队合作推出虚拟现实演唱会 / 235

16.2.12　虚拟现实外设耳机 Ossic X / 235

第1章

虚拟现实:
开启 VR 体验的全新时代

学前提示

虚拟现实时代已经来临。虽然目前虚拟现实技术多用于帮助人们提高看电影、打游戏时的视觉体验,但在不久的未来,虚拟现实技术或许可以带领人们走进太空、潜入水里。可以预见,这项技术将成为改变未来科技产业甚至人类生活方式的新兴技术。

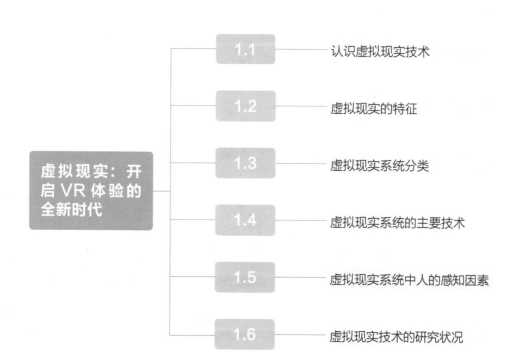

虚拟现实:开启 VR 体验的全新时代

- 1.1 认识虚拟现实技术
- 1.2 虚拟现实的特征
- 1.3 虚拟现实系统分类
- 1.4 虚拟现实系统的主要技术
- 1.5 虚拟现实系统中人的感知因素
- 1.6 虚拟现实技术的研究状况

1.1 认识虚拟现实技术

人类有很多的梦想，有的梦想已经实现，有的梦想还在探索中，也许在不久的未来能够实现，也许永远都不会实现。值得庆幸的是，现在出现了一种技术，这种技术能够在一定程度上帮助人们实现体验神秘世界的梦想，例如逃离密室、沙漠中旅行、潜入海底、飞上月球等，就像亲身经历一般。这种技术就是虚拟现实技术。图 1-1 所示为虚拟现实技术的应用。

▲ 图 1-1 虚拟现实技术的应用

1.1.1 定义

虚拟现实（Virtual Reality，VR）是在 20 世纪 80 年代初提出来的，它是一门建立在图 1-2 所示的技术基础上的交叉学科。

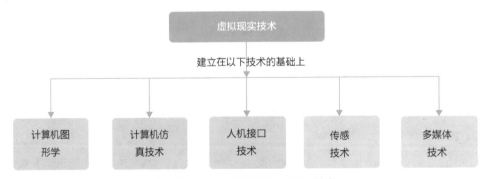

▲ 图 1-2 虚拟现实技术的基础技术

虚拟现实技术是一种仿真技术，也是一门极具挑战性的时尚前沿交叉学科，它通过计算机将仿真技术与计算机图形学、人机接口技术、传感技术、多媒体技术相结合，生成一种虚拟的情境,这种虚拟的、融合多源信息的三维立体动态情境给人们的感觉就像真实的世界一样。

1.1.2 系统组成

虚拟现实技术系统的组成主要包括图 1-3 所示的几个方面。

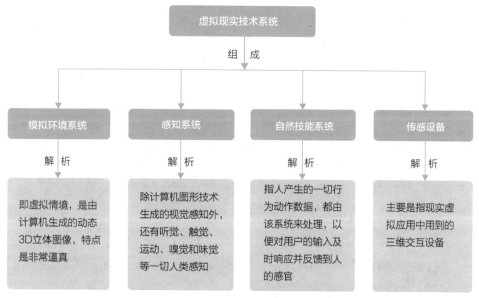

▲ 图 1-3 虚拟现实技术系统的组成

虚拟现实技术一改人与机器之间枯燥、生硬、被动的状态,给人们带来立体的感官享受,真正实现了人机交互,让人们沉醉在一个美妙绝伦的环境之中,如图 1-4 所示的虚拟现实城市。可以说,虚拟现实技术是当今最具发展前景的技术之一。

▲ 图 1-4 虚拟现实城市

1.1.3 发展历史

虚拟现实技术的发展历史，大体上可以分为图 1-5 所示的 4 个阶段。

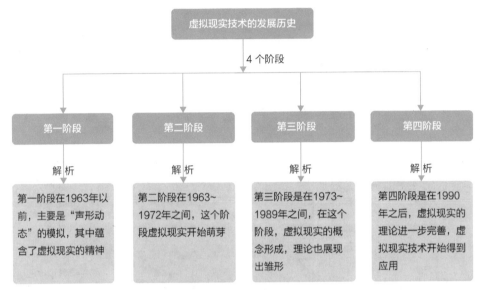

▲ 图 1-5 虚拟现实技术的发展历史

以上关于虚拟现实技术发展的 4 个阶段只是大体上的分类，我们还可以通过一些具体的事件来看虚拟现实技术的发展情况。

1962 年，也就是 20 世纪 60 年代初，美国的一位电影摄影师 Morton Heiling 申请了 Sensorama Simulato 的专利，Sensorama Simulato 是世界上第一个多感知仿真环境的 VR 视频系统。

1965 年，Sutherland 在《终极的显示》论文中，首次提到了交互图形显示、力反馈设备以及声音提示的系统，这就是虚拟现实系统的基本思想。

1968 年，"虚拟现实之父" Lvan Suther land 研发出了一种头盔式的显示器和位置跟踪器，这种头盔式的显示器具有视觉沉浸感和跟踪功能。

1970 年，第一个功能齐全的头戴式可视设备（Head Mount Display，HMD）系统出现。

到了 20 世纪 80 年代，美国开展了有关虚拟现实技术的研究，并取得了一系列成就，引起了人们对虚拟现实技术的广泛关注。

1984 年，美国研究中心开发了用于火星探测的虚拟环境视觉显示器，构造出了火星表面的 3D 虚拟环境。

到了 20 世纪 90 年代，随着计算机技术的迅猛发展，人机交互系统也开始不断地创新和完善，于是虚拟现实技术开始进入商业化运营，但由于此时的虚拟现实技术还不够成熟，因此，市面上的虚拟现实系统主要以探索为主。

如今，虚拟现实技术正在慢慢进入成熟期，虚拟现实技术在现实生活中的应用也越来越广泛。

1.2　虚拟现实的特征

虚拟现实技术是多种技术的结合，因此，它具有图 1-6 所示的 4 大特征。

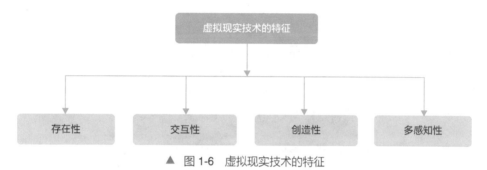

▲ 图 1-6　虚拟现实技术的特征

下面具体介绍虚拟现实技术的这些主要特征。

1.2.1　存在性

虚拟现实技术是根据人类的各种感官和心理特点，通过计算机设计出来的 3D 图像，它的立体性和逼真性，让人一戴上交互设备就如同身临其境，仿佛与虚拟环境融为一体，最理想的虚拟情境是让人分辨不出环境的真假，如图 1-7 所示。

▲ 图 1-7　虚拟现实技术让人如同置身于真实的情境中

1.2.2　交互性

　　虚拟现实中的交互性是指人与机器之间的自然交互，人通过鼠标、键盘或者传感设备感知虚拟情境中的一切事物，而虚拟现实系统能够根据使用者的五官感受及运动，来调整呈现出来的图像和声音，这种调整是实时的、同步的，使用者可以根据自身的需求、自然技能和感官，对虚拟环境中的事物进行操作，这种自然交互的总结如图 1-8 所示。

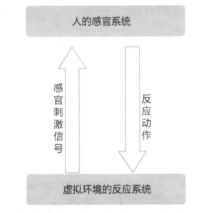

▲ 图 1-8　虚拟现实的交互性总结

1.2.3 创造性

　　虚拟现实中的虚拟环境并非是真实存在的，它是人为设计创造出来的。但同时，虚拟环境中的物体又是依据现实世界的物理运动定律而执行动作的，例如虚拟街道场景，就是根据现实世界的街道运动定律而设计创造的，如图 1-9 所示。

▲ 图 1-9　虚拟街道场景

1.2.4 多感知性

　　在虚拟现实系统中，通常装有各种传感设备，这些传感设备包括视觉、听觉、触觉上的设备，未来还可能发展出味觉和嗅觉的传感设备，除了五官感觉上的传感设备之外，还有动觉类的传感设备和反应装置，这些设备让虚拟现实系统具备了多感知性功能，同时也让使用者在虚拟环境中能够获得多种感知，仿佛身临其境一般。

1.3　虚拟现实系统分类

　　按照功能和实现方式的不同，可以将虚拟现实系统分成 4 类，如图 1-10 所示。

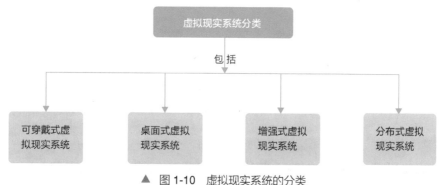

▲ 图 1-10　虚拟现实系统的分类

1.3.1　可穿戴式

可穿戴式虚拟现实系统又被称为"可沉浸式虚拟现实系统"，人们通过头盔式显示器等设备，进入一个虚拟的、创新的空间环境中，然后通过各类跟踪器、传感器、数据手套等传感设备，参与到这个虚拟的空间环境中，如图 1-11 所示。

▲　图 1-11　可穿戴式虚拟现实系统让人身临其境

可穿戴式虚拟现实系统的优点和缺点如图 1-12 所示。

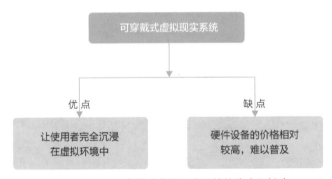

▲　图 1-12　可穿戴式虚拟现实系统的优点和缺点

1.3.2　桌面式

桌面式虚拟现实系统主要是利用计算机或初级工作站进行虚拟现实工作，它的要求是让参与者通过诸如追踪球、力矩球、3D 控制器、立体眼镜等外部设备，在计算机窗口上观察并操纵虚拟环境中的事物，如图 1-13 所示。

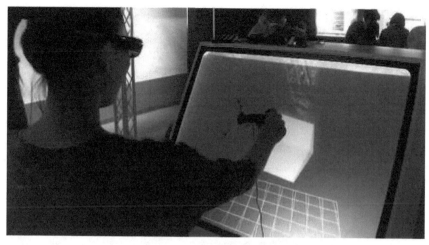

▲ 图 1-13　桌面式虚拟现实系统

桌面式虚拟现实系统的优点和缺点如图 1-14 所示。

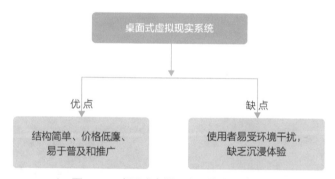

▲ 图 1-14　桌面式虚拟现实系统的优点和缺点

1.3.3　增强式

　　增强式虚拟现实系统是指把真实的环境和虚拟环境叠加在一起，这种系统现在已成为虚拟现实的一个分支，被称为"增强现实"（Augmented Reality，AR）。

　　增强现实是一种将真实世界的信息和虚拟世界的信息进行"无缝"链接的新技术，通过计算机等技术，将虚拟世界的一些信息通过模拟后进行叠加，然后呈现到真实世界的一种技术，这种技术使得虚拟信息和真实环境共同存在，大大地增强了人们的感官体验，如图 1-15 所示。

▲ 图 1-15　增强现实

增强现实技术包含了多种技术和手段，如图 1-16 所示。

▲ 图 1-16　增强现实技术包含的技术和手段

　　增强现实技术可广泛应用到军事、医疗、建筑、教育、工程、影视、娱乐等领域，它具有以下 3 个突出的特点。

- 真实环境和虚拟环境信息的叠加。
- 具有实时交互性。
- 在三维空间的基础上叠加、定位跟踪虚拟物体。

1.3.4 分布式

分布式虚拟现实系统又称共享式虚拟现实系统，它是一种基于网络连接的虚拟现实系统，是将不同的用户通过网络连接起来，共同参与、操作同一个虚拟世界中的活动。例如异地的医学生，可以通过网络对虚拟手术室中的病人进行外科手术；不同的游戏玩家可以在同一个虚拟游戏中进行交流或战斗，如图 1-17 所示。

▲ 图 1-17 分布式虚拟现实系统

分布式虚拟现实系统的特点包括以下几点。

- 资源共享。
- 虚拟行为真实感。
- 实时交互的时间和空间。
- 与他人共享同一个虚拟空间。
- 允许用户自然操作环境中的对象。
- 用户之间可以以多种方式通信交流。

1.4 虚拟现实系统的主要技术

虚拟现实系统是多种技术的综合，主要包括三维图形实时生成技术、立体显示技术、传感反馈技术、语音输入输出技术。接下来重点介绍虚拟现实系统的这些主要技术。

1.4.1　三维图形实时生成技术

现在，利用计算机模型产生三维图形的技术已经十分成熟，但是虚拟现实系统的要求是这些三维图形能够实时生成。

例如在飞行虚拟系统中，要想达到实时的目的，图像的刷新频率就必须达到一定的速度，同时，图像要有很高的质量，还要考虑复杂的虚拟环境。所以说，想要实现实时三维图形生成是十分困难的。对图形刷新频率和图形质量的要求是该技术的主要内容。

1.4.2　立体显示技术

在虚拟现实系统中，用户戴上特殊的眼镜，两只眼睛看到的图像是分别产生的，例如一只眼睛只能看到奇数帧图像，另一只眼睛只能看到偶数帧图像，这些图像分别显示在不同的显示器上，奇、偶帧之间的不同就使得视觉上产生了差距，从而呈现出立体效果。

1.4.3　传感反馈技术

在虚拟现实系统中，用户可以通过一系列传感设备对虚拟世界中的物体进行五感的体验。例如，用户通过虚拟现实系统看到了一个虚拟的杯子，在现实生活中，人的手指是不可能穿过任何杯子的"表面"的，但在虚拟现实系统中却可以做到，并且还能感受到握住杯子的感觉，这就是传感反馈技术实现的触觉效果。要获得这种体验，通常要佩戴安装了传感器的数据手套，如图 1-18 所示。

▲　图 1-18　传感反馈技术

1.4.4 语音输入输出技术

在虚拟现实系统中，语音的输入输出技术就是要求虚拟环境能听懂人的语言，并能与人进行实时交互。要做到这一点是十分困难的，必须解决两大难题，一是效率问题，二是正确性问题。

1.5 虚拟现实系统中人的感知因素

在虚拟现实系统中，有一个很重要的理论，叫作"虚物实化"理论，就是通过各种计算、传感、仿真技术将计算机生成的虚拟物体，通过传感刺激以自然的方式传递给使用者。因此，虚物实化理论的重要研究方向就是将虚拟现实系统与人的感知因素结合起来，从而确保使用者能够在虚拟环境中获得视觉、听觉、力觉和触觉等各种感官体验。

1.5.1 虚拟现实与人的视觉

在视觉感知方面，虚拟现实已经做得十分成熟了，当用户戴上头盔后，就能在虚拟环境里体验到丰富的视觉效果。例如看到立体的恐龙、看到月球表面、看到海里的鲨鱼等。图 1-19 所示为虚拟现实游戏中的视觉体验。

▲ 图 1-19 虚拟现实游戏中的视觉体验

1.5.2 虚拟现实与人的听觉

在虚拟现实中，音效也是很重要的一个环节。现实中，人们靠声音的相位差和强度差来判断声音的方向，因为声音到达两只耳朵的时间或距离有所不同，所以当人们转头时，依然能够正确地判断出声音的方向。但在虚拟现实中，这一理论并不成立。因此，如何创造更立体、更自然的声效，来提高使用者的听觉感知，创造更真实的虚拟情境，是虚拟现实需要解决的问题。

著名音频厂商森海塞尔拿出了一套解决方案来展示声音对于虚拟现实的重要性，这套解决方案的名称叫作"Ambeo"。Ambeo 是什么？用森海塞尔 CEO 的话来说，它就是一种针对不同类型环境的音频伞，在虚拟现实的应用中，Ambeo 带来的音效无比震撼，就好像让人身临其境。

1.5.3 虚拟现实与触觉和力觉

虚拟现实在触觉和力觉方面的感知，主要是通过各类感觉反馈器传达，当使用者戴上数据手套、穿上数据衣服之后，便能够在虚拟现实情境中感受到虚拟的事物，并产生触觉和力觉方面的感知，如图 1-20 所示。

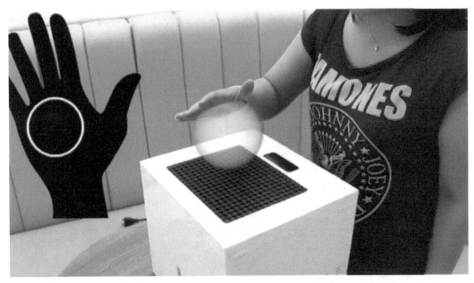

▲ 图 1-20　虚拟现实中的触觉和力觉体验

1.6　虚拟现实技术的研究状况

虚拟现实技术已经在多个国家和地区的医疗、游戏、军事航天、房地产开发、室内设计等领域得到广泛应用。

1.6.1 国外的研究状况

关于虚拟现实技术在国外的研究成果和发展，主要以美国、英国和日本为例进行阐述。

1. 美国

美国是虚拟现实技术的发源地，其研究水平基本上可以代表国际虚拟现实技术发展的水平，目前美国在该领域的基础研究主要集中在图 1-21 所示的 4 个方面。

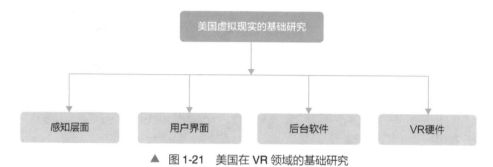

▲ 图 1-21　美国在 VR 领域的基础研究

美国宇航局的 Ames 实验室的研究内容主要包括图 1-22 所示的内容。

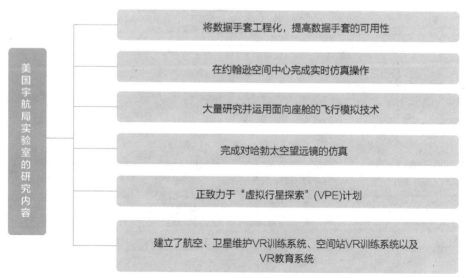

▲ 图 1-22　美国宇航局的 Ames 实验室的研究内容

除了美国宇航局在虚拟现实领域的研究以外，美国各个大学也在这方面展开了深入的研究，如图 1-23 所示。

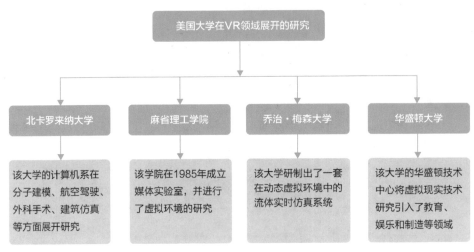

▲ 图 1-23　美国大学在 VR 领域展开的研究

2. 英国

英国主要在分布并行处理、辅助设备（包括触觉反馈）设计和应用研究等方面领先，到 1991 年年底，英国已经有 4 个从事 VR 技术研究的中心，如图 1-24 所示。

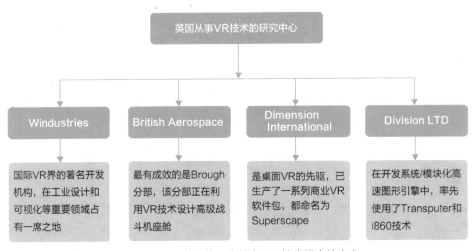

▲ 图 1-24　英国的 4 个从事 VR 技术研究的中心

3. 日本

日本主要致力于大规模的 VR 知识库的研究和虚拟现实游戏方面的研究，主要的研究内容如图 1-25 所示。

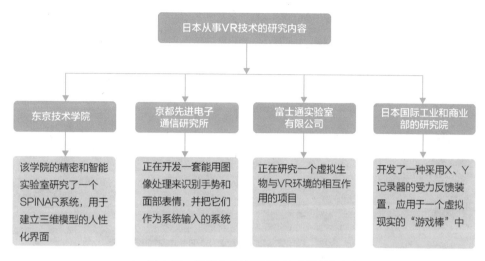

▲ 图 1-25　日本企业从事 VR 技术的研究内容

　　除了以上的这些机构之外，东京大学的各个研究所也在 VR 领域展开了深入的研究，如图 1-26 所示。

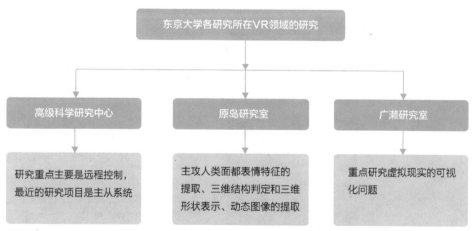

▲ 图 1-26　东京大学各研究室在 VR 领域的研究

1.6.2　国内的研究状况

　　虽然我国在 VR 领域的研究起步较晚，但是随着科技的发展和互联网应用的扩展，VR 技术已经引起了我国科学家的高度重视。

　　我国的一些重点院校也在这方面展开了深入研究，譬如北京航空航天大学计算机系研究了图 1-27 所示的内容。

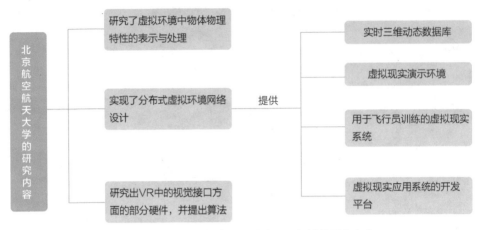

▲ 图 1-27　北京航空航天大学在 VR 领域的研究内容

　　除了北京航空航天大学在 VR 领域展开了研究之外，很多重点大学也在这一领域展开了研究，如图 1-28 所示。

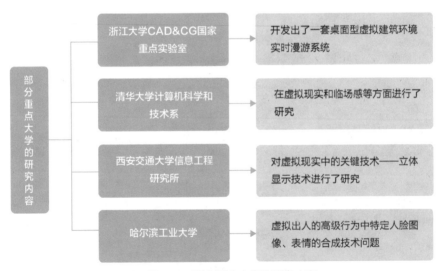

▲ 图 1-28　部分重点大学的研究内容

1.6.3　虚拟现实技术的发展领域

　　21 世纪，虚拟现实技术作为一门科学技术会越来越成熟，并且在各行各业都会得到广泛的应用，这主要源于以下两点原因。

- 虚拟现实方案成本在降低。
- 虚拟现实的商业模式和生态链正在慢慢成熟。

未来，虚拟现实技术会在图 1-29 所示的行业中发挥巨大优势。

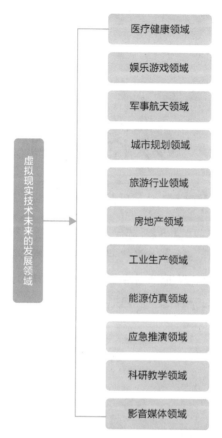

▲　图 1-29　虚拟现实技术未来的发展领域

第 2 章

产品服务：
令人惊叹的身临其境体验

学前提示

早在 20 世纪 80 年代，很多科幻题材的小说、电影就勾画过未来虚拟现实技术的雏形。从索尼到微软再到腾讯，很多巨头都纷纷在自家的新产品中嵌入虚拟现实技术。本章主要介绍虚拟现实技术的产品服务，包括硬件、软件以及开发平台等。

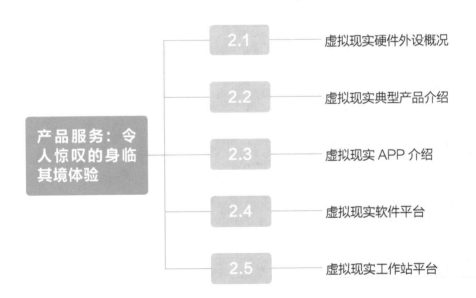

产品服务：令人惊叹的身临其境体验		
	2.1	虚拟现实硬件外设概况
	2.2	虚拟现实典型产品介绍
	2.3	虚拟现实 APP 介绍
	2.4	虚拟现实软件平台
	2.5	虚拟现实工作站平台

2.1 虚拟现实硬件外设概况

虚拟现实技术的硬件设备主要包括图 2-1 所示的 4 个部分。

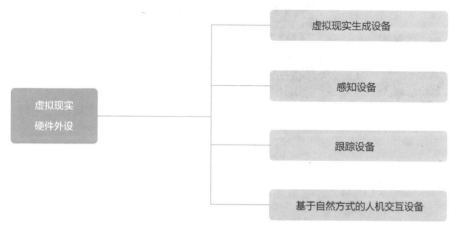

▲ 图 2-1 虚拟现实技术的硬件设备的组成部分

虚拟现实技术具有超越现实的虚拟性，生成虚拟现实的核心设备仍然是计算机，如图 2-2 所示，它主要用来生成虚拟境界的图形。

▲ 图 2-2 高性能计算机

感知设备是将虚拟世界中的信号转变为人类能接收的信号的设备，如视觉感知、听觉感知和重力感应等。跟踪设备主要用于跟踪与检测位置和方向。

虚拟现实技术的其他外设主要用于实现交互功能，包括立体眼镜、数据头盔、数据手套、三维鼠标、运动跟踪器、力反馈装置、语音识别与合成系统等。

2.1.1 立体眼镜

立体眼镜也叫 3D 立体眼镜，可以实现 3D 模拟场景 VR 效果的观察，是目前最为流行和经济适用的 VR 观察设备，如图 2-3 所示。

利用液晶光阀高速切换左右眼图像原理，有有线和无线之分，可支持逐行和隔行立体显示观察，也可用无线眼镜进行多人团体VR效果观察

▲ 图 2-3　3D 立体眼镜

2.1.2　高清数字头盔

高清数字头盔又称为头盔显示器、数据头盔或数字头盔，是虚拟现实应用中的 3D VR 图形显示与观察设备，使用方式为头戴，如图 2-4 所示。

高清数字头盔辅以空间跟踪定位器可进行VR输出效果观察，同时观察者还能做空间上的自由移动，其沉浸感要优于立体眼镜

▲ 图 2-4　高清数字头盔

💡 专家提醒

高清数字头盔的原理通常是将小型 2D 显示器所产生的影像借由光学系统放大，让光线经过透镜使影像产生全像视觉效果。

2.1.3 数据手套

数据手套是一种通过软件编程后实现虚拟场景中物体的抓取、移动、旋转等动作的交互设备，具有多模式性，有有线和无线、左手和右手之分，如图 2-5 所示。

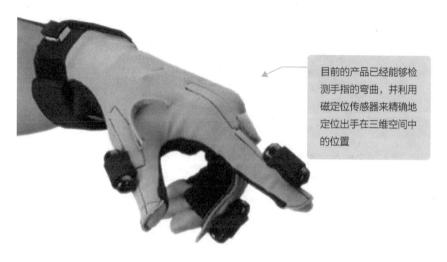

目前的产品已经能够检测手指的弯曲，并利用磁定位传感器来精确地定位出手在三维空间中的位置

▲ 图 2-5 数据手套

数据手套适用于各种技术领域，例如机器人系统、虚拟现实、健康医疗、手语识别系统等，它的主要特点如图 2-6 所示。

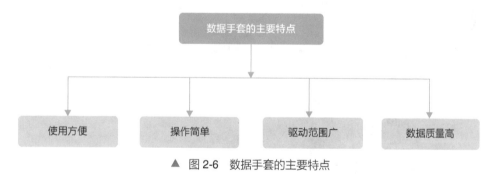

数据手套的主要特点

使用方便　　操作简单　　驱动范围广　　数据质量高

▲ 图 2-6 数据手套的主要特点

2.1.4 虚拟试衣镜

虚拟试衣镜是俄罗斯一家科技公司发明的一款"魔镜"。购物者站在镜子前，试穿新衣后的三维图像就会自动显示出来，如图 2-7 所示。

▲ 图2-7　虚拟试衣镜

　　虚拟试衣镜采用体感技术，因此拥有 360° 的视角，消费者若是想要试穿其他的衣服，只需要用手势切换即可。

2.1.5　动作捕捉系统

　　动作捕捉系统是将微型惯性运动传输传感器、无线 Xbus 系统与高效传感器等技术相结合的、能够实时捕捉人体 6 个自由度的惯性运动，并在计算机中实时记录的动态捕捉装备，如图 2-8 所示。

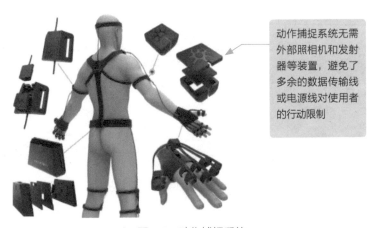

动作捕捉系统无需外部照相机和发射器等装置，避免了多余的数据传输线或电源线对使用者的行动限制

▲ 图2-8　动作捕捉系统

2.1.6　空间交互球

　　三维空间交互球是一种主要用于 6 个自由度 VR 场景的模拟交互的虚拟现实设备，如图 2-9 所示。

▲ 图 2-9 空间交互球

三维空间交互球有多种用途，如图 2-10 所示。

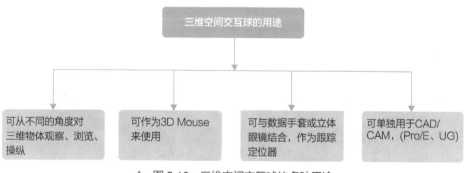

▲ 图 2-10 三维空间交互球的多种用途

2.1.7 位置跟踪器

三维空间位置跟踪器是一种与头戴显示器、数据手套、虚拟现实眼镜等 VR 设备结合使用进行空间跟踪与定位的设备。在虚拟现实的实际应用中，使用者通过位置跟踪器和其他虚拟现实设备，就能够不用局限于固定的空间位置，可以在空间上自由移动，图 2-11 所示为位置跟踪器。

位置跟踪器的主要功能是提供六自由度的测量位置（X、Y 和 Z 笛卡尔坐标）和方位（俯仰角、偏行角、滚动角），其作用原理是当跟踪器进行了位置移动时，其内部的接收传感器能够精确地计算出位置跟踪器的位置和方位

▲ 图 2-11 三维空间位置跟踪器

2.1.8 虚拟驾驶系统

虚拟驾驶系统又被称为汽车驾驶仿真或汽车模拟驾驶，是指利用六自由度运动平台、用户输入硬件系统、立体声音响等高科技技术，让体验者在虚拟驾驶环境中，感受到真实的汽车驾驶体验，如图 2-12 所示。

▲ 图 2-12 虚拟驾驶系统

2.1.9　裸眼立体显示系统

裸眼立体显示器主要建立在人眼立体视觉机制上，即使用者不需要通过任何诸如 3D 眼镜、头盔等设备就能获得立体图像，如图 2-13 所示。

裸眼立体显示设备根据视差障碍原理，利用特定的掩模算法，将展示的影像进行交叉排列，然后通过特定的视差屏障后为使用者提供逼真的 3D 图像

▲ 图 2-13　裸眼立体显示系统

2.1.10　力反馈器

在虚拟现实系统中，提到最多的就是视觉和听觉上的传感和反馈，而力反馈器能使参与者实现虚拟环境中除视觉、听觉之外的第三感觉，即触觉和力感，如图 2-14 所示。

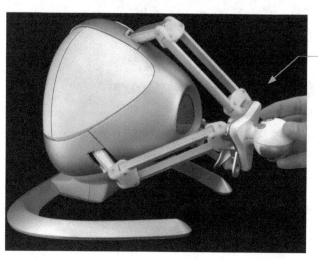

力反馈器能够进一步增强虚拟环境的交互性，从而让消费者真正体会到虚拟世界中的交互的真实感

▲ 图 2-14　力反馈器

2.1.11 三维扫描仪

三维扫描仪又称三维模型数字化仪或三维数字化仪，它是一种先进的三维建模设备，被广泛应用在医疗、文物保护等领域中，如图 2-15 所示。

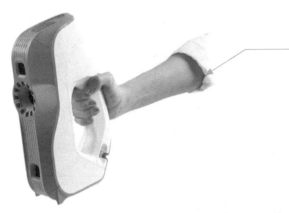

利用 CCD 成像、激光扫描等手段实现物体模型的取样，再通过软件对数据进行数字化处理，从而实现系统对模型的控制

▲ 图 2-15 三维扫描仪

2.1.12 多通道环幕投影系统

多通道环幕投影系统集成了硬件平台以及专业显示设备的综合型可视化系统工程，能给消费者带来高度的真实感、立体感、沉浸感，如图 2-16 所示。

整个系统包括投影幕布、投影机、高级仿真图形计算集群及相关辅助配件，比普通的标准投影系统具备更高的显示分辨率以及更具冲击力和沉浸感的视觉效果

▲ 图 2-16 多通道环幕投影

2.1.13　CAVE 虚拟系统

CAVE（Cave Automatic Virtual Environment）是一种基于投影技术的成熟的高度沉浸式的虚拟现实系统，它由围绕观察者的若干个投影面组成，如图 2-17 所示。

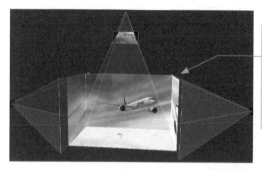

CAVE 虚拟现实系统将三维计算机图形、高分辨率的立体投影、音响技术和光学跟踪技术等技术结合在一起，创造出一个完全沉浸式的虚拟环境

▲ 图 2-17　CAVE 虚拟系统

2.1.14　交互式触屏系统

交互式触摸屏以触摸屏为交互窗口，运用文字、图像、音乐、解说、动画、录像等多种形式，直观、形象地把各种信息介绍给人们，是最简单、方便、自然的一种人机交互方式，如图 2-18 所示。

▲ 图 2-18　交互式触屏系统

2.2　虚拟现实典型产品介绍

现在市面上出现了很多虚拟现实产品，比较典型的包括谷歌眼镜、暴风魔镜、三星 Gear VR、乐视 VR 头盔等，本节为读者介绍虚拟现实的一些典型产品。

2.2.1　谷歌眼镜

谷歌眼镜是一款用纸盒做成的眼镜，在英文中被称为 Google Cardboard，外形如图 2-19 所示。眼镜外形十分不起眼，但是在折叠之后，可以形成一个取景器和一个放置手机的插槽，打开手机中相应的应用程序后，便能够为用户提供虚拟现实的体验。

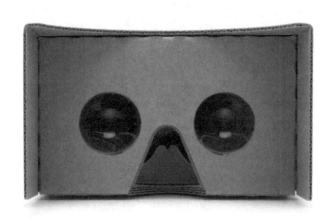

▲　图 2-19　Google Cardboard

谷歌眼镜最初是谷歌的两位工程师大卫·科兹（David Coz）和达米安·亨利（Damien Henry）的创意，他们用了 6 个月时间，打造出了这个产品。

谷歌眼镜纸盒内包括图 2-20 所示的部件。

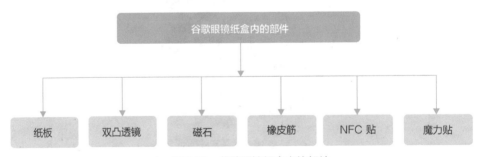

▲　图 2-20　谷歌眼镜纸盒内的部件

用户只要按照包装上的说明操作，很快就能将这些部件组装成一个简单的玩具眼镜，在谷歌眼镜凸透镜的前部留了一个放手机的空间，如图 2-21 所示，盒子半圆形的凹槽正好可以把脸和鼻子埋进去。

▲ 图 2-21　谷歌眼镜放手机的地方

　　要使用谷歌眼镜，光组装好还不够，用户还需要在 Google Play 官网上下载谷歌眼镜应用。虽然谷歌眼镜看起来只是一副十分简陋的纸盒眼镜，但这个眼镜加上智能手机就能够给人们带来一场虚拟现实体验。

2.2.2　暴风魔镜

　　暴风魔镜是暴风影音正式发布的一款手机虚拟现实眼镜，如图 2-22 所示。

▲ 图 2-22　暴风魔镜

截至 2015 年年底，暴风魔镜共发布了 4 代产品。

- 第一代于 2014 年 9 月 1 日正式发布。
- 第二代于 2014 年 12 月 16 日发布。
- 第三代于 2015 年 6 月发布。
- 第四代于 2015 年 11 月发布。

　　从外观上来看，暴风魔镜的正面前盖打开，就可以放入手机，如图 2-23 所示，内部有很多保护和固定手机的海绵支撑体，支持 4.7~6 英寸手机，要求用户的手机能够支持蓝牙和陀螺仪功能。

▲ 图 2-23　打开暴风魔镜前盖可以放手机

　　暴风魔镜的侧面有两个很大的缝隙，这两个缝隙是为手机散热和插入耳机而设计的；暴风魔镜后面的松紧带是可以调节的，同时还有一圈海绵以使用户佩戴更舒适，如图 2-24 所示。

▲ 图 2-24　暴风魔镜上的一圈海绵

暴风魔镜的主要特点包括以下几点。

- 用户在使用暴风魔镜时，配合相应的应用软件，就能享受到 IMAX 的观影效果。
- 用户可以通过暴风魔镜玩 3D 游戏。
- 暴风魔镜支持本地和在线视频。
- 暴风魔镜通过开发的 APP，可以很好地实现与用户手机的结合。

2.2.3　三星 Gear VR3

三星 Gear VR3 是三星和 Oculus VR 联手出品的第三代虚拟现实设备，如图 2-25 所示。

▲　图 2-25　三星 Gear VR3

Gear VR3 的组件如图 2-26 所示。

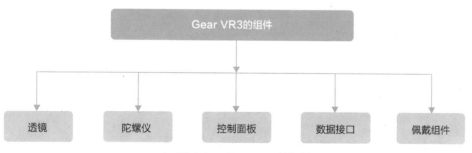

▲　图 2-26　Gear VR3 的组件

用户在使用三星 Gear VR3 的时候，要下载一个 APP 应用——Oculus，然后将手机通过 Micro USB 接口插到 Gear VR3 设备上，就能透过 Gear VR3 的放大透镜来观看手机屏幕上的内容，如图 2-27 所示。

▲ 图 2-27　透过 Gear VR3 欣赏虚拟现实内容

三星 Gear VR3 的主要特点如下。

- 通过有源矩阵有机发光二极体（Active-matrix organic light emitting diode，AMOLED）显示、精准的头部追踪器和低延迟率带给用户超乎想象的虚拟现实体验。
- 可以与 Galaxy 系列手机进行无缝对接，兼容的设备如图 2-28 所示。

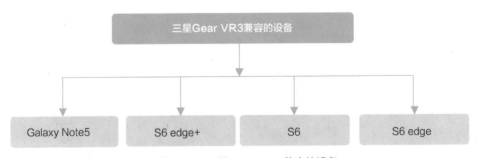

▲ 图 2-28　三星 Gear VR3 兼容的设备

- 比第二代更轻，搭配更舒适的耳机和更精准的触控板。
- 拥有海量的电影和游戏容量。

2.2.4　乐视 VR 头盔

乐视 VR 头盔 COOL1 是乐视旗下的 VR 生态系统"LeVR"与蚁视合作发布的首款 VR 硬件设备，如图 2-29 所示。

▲　图 2-29　乐视 VR 头盔 COOL1

乐视 VR 头盔 COOL1 的特点如下。

- 硬件采用特殊光学树脂材质非球面镜片，能够有效消除像差及垂轴色差。
- 90°的视场角能够兼顾沉浸感和清晰度的平衡，如图 2-30 所示。

▲　图 2-30　90°的视场角能够兼顾沉浸感和清晰度的平衡

- 可以支持近视眼／远视眼，可从正常调节到 800° 近视。
- 系统优化实现画面显示超低延时响应，延时不超过 20ms。
- 通过手机上的"乐视界"APP 提供内容。
- 带给用户逼真的 360° 观感体验和震撼的 3D 效果，如图 2-31 所示。

▲ 图 2-31　带给用户 360° 观感体验和震撼的 3D 效果

- 将乐视手机放入前盖中就能使用，如图 2-32 所示。

▲ 图 2-32　与手机完美适配

- 佩戴舒适，没有眩晕感。
- 只支持乐 1 和乐 1 Pro 手机。
- 乐视头盔的 VR 片源内容主打原创，每周都会有明星和相关影视资源更新。
- 暂时没有游戏资源。

2.2.5　蚁视 3D 头盔

　　蚁视 3D 头盔 ANTVR KIT 是北京蚁视科技有限公司（简称"蚁视"）发布的一款 VR 设备，是全球首个全兼容虚拟现实 3D 头盔，如图 2-33 所示。

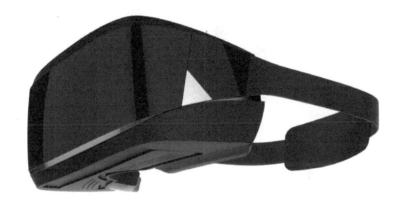

▲　图 2-33　蚁视 3D 头盔 ANTVR KIT

　　蚁视 3D 头盔 ANTVR KIT 的特点如下。

- 全面兼容 PC、XBOX、PS 和 BLU-RAY 等平台。
- 采用两组非球面镜镜片的设计，能够有效校正畸变，让内视的画面为 100° 视角。
- 采用无线接口。
- 配备了形状可变的控制器。
- 在游戏操作方面，套装默认配备一把遥控枪，如图 2-34 所示。

▲　图 2-34　利用 ANTVR KIT 玩游戏时的场景

2.2.6 索尼 HMZ-T3W

索尼 HMZ-T3W 是索尼公司发布的第三代头戴显示设备，如图 2-35 所示。

▲ 图 2-35　索尼 HMZ-T3W

索尼 HMZ-T3W 的特点如下。

- 采用自发光 OLED 面板，可以实现相当于 20 米距离内的 750 英寸电视机的超震撼效果。
- 在第二代基础上，改进了画面图像显示效果和佩戴的体验感。
- 无线版的 HMZ-T3W 可以让用户摆脱 HDMI 等输入线的限制，让用户在家中任何地方都能享受视听盛宴，如图 2-36 所示。

▲ 图 2-36　无线版 HMZ-T3W

- 即使在户外播放电影，也能享受到电影院的效果。
- 无线 Wireless HD 技术可以做到 60Hz 无压缩视频传输。

2.2.7 爱维视 w100

爱维视（IVS）w100 是一款便携的智能语音 3D 视频眼镜，如图 2-37 所示。

▲ 图 2-37 爱维视 w100

爱维视 w100 的主要特点如下。

● 具备一键启动语音助手功能，轻按 3 秒语音键，就能开启交互模式，如图 2-38 所示。

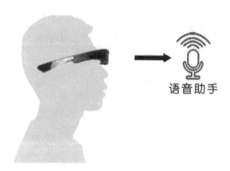

语音助手

▲ 图 2-38 一键启动语音助手功能

● 除了能够连接三星、小米、OPPO、魅族等绝大多数智能手机之外，还可以连接台式计算机和笔记本电脑。

● 支持各种高清的 2D/3D 电影，在看电影的状态下，支持 1024 像素的高分辨率调整。

2.2.8 爱视代 G4

爱视代（iTheate）G4 是一款着重于看电影的 3D 视频眼镜，体积十分小巧，用户只需要配合一台小小的播放器，就能在家享受 3D 电影效果，如图 2-39 所示。

▲ 图 2-39 爱视代 G4

爱视代 G4 的特点如下。

- 自带 1GB 的内存，拥有 8GB 的闪存，同时还支持 32GB 的闪存扩容。
- 电池能够持续 7 小时左右。
- 机身仅重 50 克，携带十分方便。
- 内置一个微型 3D 显示系统，相当于微型投影仪。
- 能在距离用户 2.5 米处营造一个 98 英寸虚拟 LED 显示屏。
- 支持 1080P 全高清解码，带来震撼 3D 效果，如图 2-40 所示。

▲ 图 2-40 爱视代 G4 带来的震撼 3D 效果

2.2.9 小宅魔镜

小宅魔镜是一款手机专用 3D 虚拟现实眼镜，如图 2-41 所示。

▲ 图 2-41 小宅魔镜

小宅魔镜的特点如下。

- 手机兼容范围更大，支持 iPhone 机型。
- 支持 4.7~5.5 英寸的手机。
- 支持手机摄像头使用。

- 增加了遮光板，防止侧漏光。
- 利用透镜原理，将图像放大，带来 IMAX 般巨屏体验，如图 2-42 所示。

巨幕电影（Image Maximum，IMAX），是一种比传统胶片放映具有更高清效果的系统

▲ 图 2-42　IMAX 般巨屏体验

2.3　虚拟现实 APP 介绍

若是想要玩转虚拟现实，就必须要了解一些虚拟现实的 APP，接下来介绍几款好玩的虚拟现实 APP。

2.3.1　虚拟现实视频 APP：Vrse

Vrse 是一款由苹果公司与 U2 乐队合作开发的虚拟现实 APP，其界面如图 2-43 所示。

▲ 图 2-43　虚拟现实 APP：Vrse

Vrse 的使用方法非常简单，用户只需在该平台上免费下载自己想看的视频，存储到 iPhone 上，然后再接上虚拟现实头盔就能进行观看了。

Vrse 也有一定的局限性，即分辨率低、响应速度慢。

2.3.2 虚拟现实恐怖游戏 APP：Sisters

Sisters 是一款恐怖类的虚拟现实游戏 APP，这款游戏通过虚拟现实技术，让玩家仿佛置身其中，观察房间里两姐妹正在经历的事情，带给玩家别样的刺激，如图 2-44 所示。

▲ 图 2-44 虚拟现实恐怖游戏 APP：Sisters

2.3.3 虚拟现实电影游戏 APP：Legendary VR

人类控制机器人与怪兽对抗的场景多次出现在电影中，这让科幻迷们充满向往。例如《环太平洋》这部电影中，就出现了人类控制机器人的场景。

在传奇电影虚拟现实 Legendary VR 这款游戏 APP 中，人们就能获得这种体验，戴上虚拟现实头盔，就能感受到自己置身于机器人体内与怪兽对抗的体验。传奇电影虚拟现实是传奇电影公司出品的虚拟现实应用，如图 2-45 所示。

▲ 图 2-45　Legendary VR 虚拟现实游戏 APP

2.3.4　拍摄虚拟现实电影 APP：VR ONE Cinema

除了视频、游戏类的虚拟现实 APP 之外，还有可以用来拍摄虚拟现实电影的 APP，德国一家公司就开发了一款这样的虚拟现实 APP 应用——VR ONE Cinema。在这款虚拟现实 APP 中，用户可以把自己手机或者相机里的视频转换成虚拟现实视频，还可以在虚拟影院屏幕中播放视频，如图 2-46 所示。

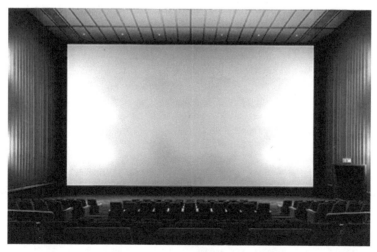

▲ 图 2-46　在虚拟影院的屏幕上看视频

2.4　虚拟现实软件平台

虚拟现实领域有很多为客户提供解决方案的虚拟现实软件平台，本节将介绍一些有代表性的虚拟现实软件平台。

2.4.1 SmartCollision™

SmartCollision™ 是 3D 曲面模型之间的实时碰撞检测的技术解决方案。在过去的虚拟现实领域，碰撞检测方面的工作往往存在成本高、数学算法复杂、开发周期长的缺点，所以 VR 开发者常常感到非常苦恼。

而今天，有了 SmartCollision™ 解决方案，人们就不必再发愁了，只需要一台计算机或 PC 工作站，就能轻松、快速地开发出自己想要的碰撞检测应用。

SmartCollision™ 是由美国和日本科学家共同研发出来的，它的主要特点如图 2-47 所示。

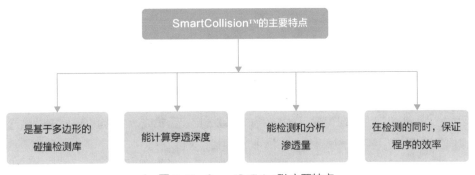

▲ 图 2-47　SmartCollision™ 主要特点

SmartCollision™ 的这些特点使它能够被应用在多个领域，如图 2-48 所示。

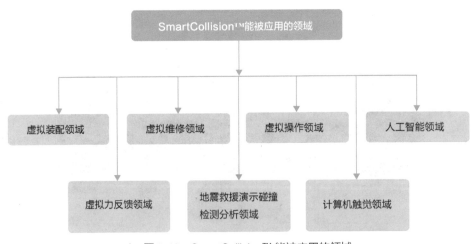

▲ 图 2-48　SmartCollision™ 能被应用的领域

2.4.2 proSense

proSense 是一款协同交互仿真开发平台，主要面向的领域是计算机触觉和力反馈应用。研究者通过它可以达到图 2-49 所示的目的。

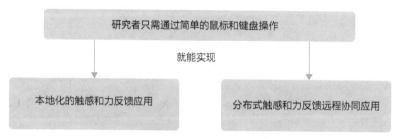

▲ 图 2-49 研究者通过 proSense 可达到的目的

proSense 的主要特点和功能如下。

- 对于开发人员来说，节省了大量的时间和精力，能够大大提高工作效率。
- proSense 的封装算法经过高度优化，让开发者在计算机上就能进行应用的开发，而不用再依赖超级计算机或大型工作站。
- 用户可以随心所欲地对自己开发的应用进行二次开发。
- 可以直接通过世界范围的互联网来实现分布式远程协同交互功能。

proSense 能被应用在多个领域，如图 2-50 所示。

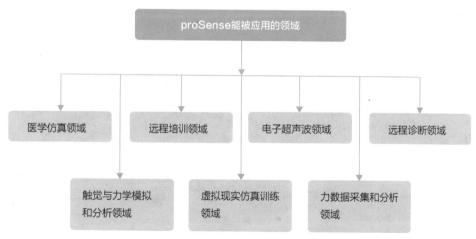

▲ 图 2-50 proSense 能被应用的领域

2.4.3 Amira

Amira 能够为任何需要三维数据集合的领域提供解决方案，Amira 拥有数据分析能力和几何重建能力，还拥有其他产品不能比拟的可视化功能和交互速度，它能够探测到从图 2-51 所示的仪器中获得的 3D 模具。

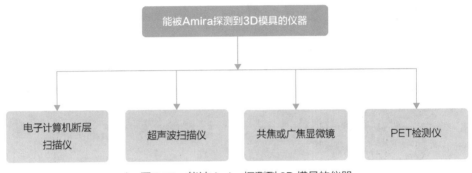

▲ 图 2-51　能被 Amira 探测到 3D 模具的仪器

Amira 在虚拟现实领域增加了相应的可视化功能。Amira VR Pack 支持主动和被动的立体效果、头跟踪和 3D 交互，同时也支持在小带宽的情况下多线程、多通道、分布式的显示。

2.4.4　FreeForm

FreeForm 是一款基于计算机触觉技术的三维模型设计制作系统。对于三维设计师来说，FreeForm 是一款梦寐以求的三维模型设计制作系统，它的应用原理如图 2-52 所示。

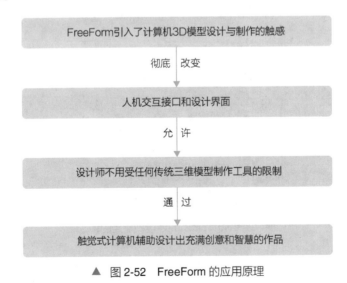

▲ 图 2-52　FreeForm 的应用原理

2.4.5　Terra Vista

　　Terra Vista 是一个在 Windows 平台操作的实时 3D 地形数据库生成工具系统软件,它使用简便,适用于大数据量的地形生成工作。Terra Vista 的主要特性有开放性、拓展性和自动生成性,除了这 3 个基本特性之外,Terra Vista 还具备图 2-53 所示的 3 大高级特性。

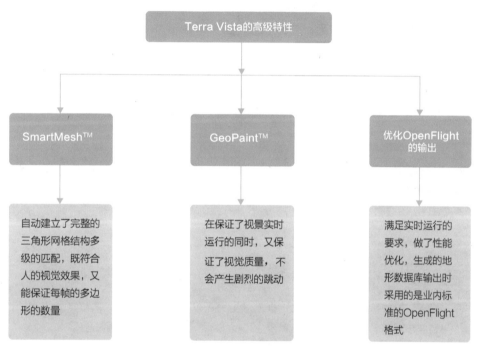

▲　图 2-53　Terra Vista 的高级特性

2.5　虚拟现实工作站平台

　　虚拟现实工作站平台包括三维图形工作站、虚拟现实工作站和非线性 / 视频编辑站。本节为读者介绍这几大虚拟现实的工作站平台。

2.5.1　三维图形工作站

　　三维图形工作站有如下多个系列。

　　(1) SunGraph G2500 系列采用专业的 2.4 GHz Intel™ Pentium™ 中央处理器;高速 533MHz 的系统总线速率具备优秀的数据传送性能。

　　(2) SunGraph G380A 系列采用专业的 2.66 GHz Intel™ Pentium™ 中央处

理器；高速 533MHz 的系统总线速率具备优秀的数据传送性能。

（3）SunGraph GT800 系列采用专业的 3.06 GHz Intel™ Pentium™ 中央处理器；高速 800MHz 的系统总线速率具备优秀的数据传送性能。

2.5.2 虚拟现实工作站

Sun Graph 虚拟现实工作站是国内首套虚拟现实工作站系统，它非常适合于对 CPU 和图形要求较高的应用，主要特点如图 2-54 所示。

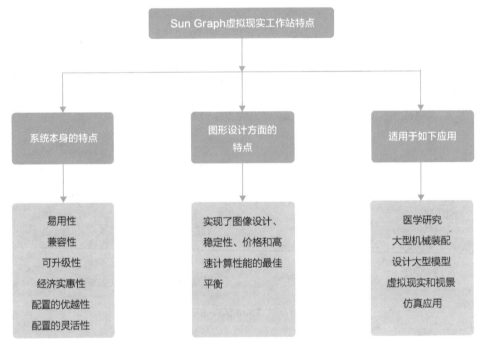

▲ 图 2-54 Sun Graph 虚拟现实工作站特点

2.5.3 非线性编辑站

非线性编辑系统，因为是能够实现从简单编辑到复杂图文视频、从静态到动态三维、从普通图文到复杂几何变形 Open-Edit 的平台，所以已经能够满足视频编辑的各类要求，包括电视节目制作、光盘制作、新闻制作、Internet 网上视频传输等，现已成为图 2-55 所示领域的最佳选择。

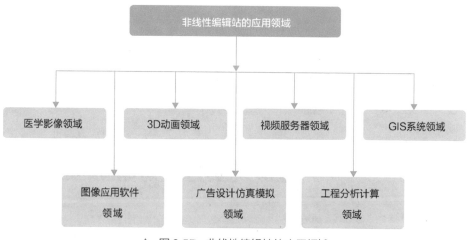

▲ 图 2-55　非线性编辑站的应用领域

第 3 章

商业模式：
虚拟现实打造财富新思路

学前提示

　　商业创意来自于丰富的市场先机，这种商业创意最终将演变为商业模式。在虚拟现实领域，目前已经出现了一些相对成熟的商业模式，本章主要介绍虚拟现实的商业链、商业应用和商业前景。

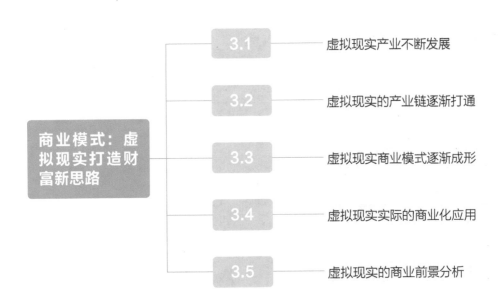

商业模式：虚拟现实打造财富新思路

3.1	虚拟现实产业不断发展
3.2	虚拟现实的产业链逐渐打通
3.3	虚拟现实商业模式逐渐成形
3.4	虚拟现实实际的商业化应用
3.5	虚拟现实的商业前景分析

3.1 虚拟现实产业不断发展

随着虚拟现实技术的发展和成熟，其应用领域也变得愈加广泛，像苹果和 facebook 等巨头，都在进军虚拟现实领域，而谷歌公司也正在研发新型的虚拟现实头盔。2016 年，虚拟现实产业有望在商业化应用领域迎来新的突破和进展。

3.1.1 硬件水平相对成熟

有调查数据预计了全球虚拟现实设备销量，如图 3-1 所示。

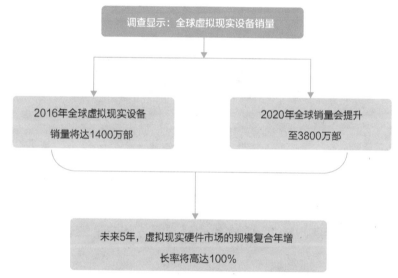

▲ 图 3-1 预计全球虚拟现实设备的销量情况

从数据看出，虚拟现实硬件设备的发展前景十分好。从细分的角度来看，目前市场上的 VR 硬件设备大致可以分为图 3-2 所示的 4 类。

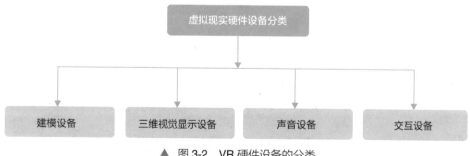

▲ 图 3-2 VR 硬件设备的分类

建模设备包括三维立体扫描仪等；显示设备包括虚拟现实头盔、双目全方位显示器、大型投影系统等；声音设备包括三维立体声系统等；交互设备包括数据手套、力矩球、触觉或力觉反馈装置、运动捕捉设备等。

虚拟现实领域的硬件水平已经日趋成熟，目前，虚拟现实头盔已成为最先从专业级设备走向大众消费市场的硬件产品，成为虚拟现实市场落地的"先行者"。

虽然硬件的发展水平相较于从前成熟了很多，但仍然存在着一些问题，如图 3-3 所示。

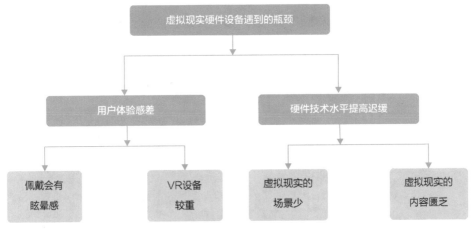

▲ 图 3-3　虚拟现实硬件设备遇到的瓶颈

预计 2016 年年底，虚拟现实设备的发展和应用将会有新的突破。

3.1.2　进军和布局

从 2015 年年初，各大企业就开始进军虚拟现实领域，同时进行了一系列的布局，如图 3-4 所示。

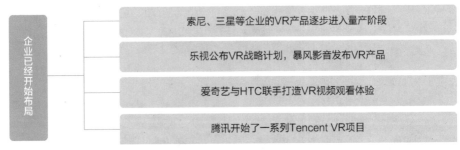

▲ 图 3-4　企业在 VR 领域已经开始布局

根据国外的一份数据，预测出的未来全球 VR 市场规模如图 3-5 所示。

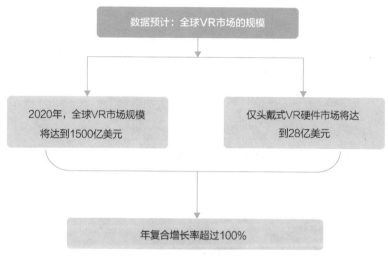

▲ 图 3-5　预计全球虚拟现实的市场规模

　　VR 行业前景广阔，吸引了大量的国内外巨头和中小型企业不断加注砝码，力求在 VR 领域分得一杯羹。

3.2　虚拟现实的产业链逐渐打通

　　虚拟现实的产业链正在逐渐被打通，其场景已经横跨众多领域，如图 3-6 所示。

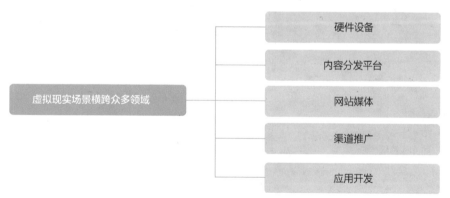

▲ 图 3-6　虚拟现实场景横跨众多领域

　　从虚拟现实场景横跨的这些领域可以看出，虚拟现实的产业链上下游已经被基本打通，本节将从硬件设备、内容和平台 3 个方面进行介绍。

3.2.1　个性化的硬件设备产业

　　在虚拟现实产业链中，硬件设备有头显设备、输入设备和图形识别设备，具有代表性的公司如图 3-7 所示。

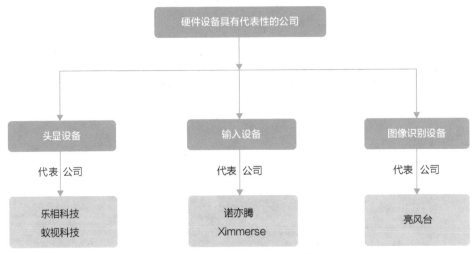

▲ 图 3-7　硬件设备具有代表性的公司

在硬件设备产业中，相关的企业还有很多，例如暴风科技、联络互动、华闻传媒、奥飞动漫等。

下面以联络互动为例，讲述其在 VR 领域的产业布局。联络互动初步构建了"操作系统 +VR 应用＋硬件"的智能生态系统，如图 3-8 所示。

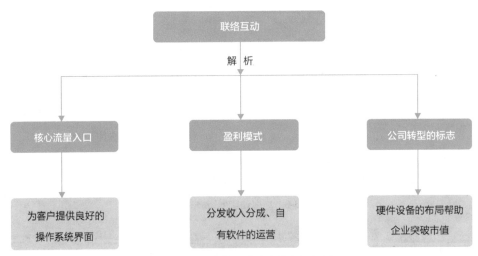

▲ 图 3-8　联络互动的产业布局解析

3.2.2　丰富的虚拟现实内容

超凡视幻成立于 2015 年 3 月，是一家虚拟现实游戏开发商，公司主打产品是虚拟现实游戏。在虚拟现实内容上，公司主要开发了图 3-9 所示的几大应用。

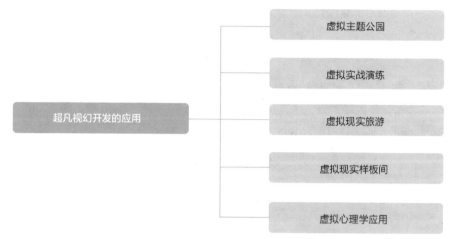

▲　图 3-9　超凡视幻开发的应用内容

3.2.3　VR 平台格局雏形初见

87870 是我国第一家虚拟现实用户平台，成立于 2013 年，从 2014 年开始，公司开始在 C 端用户体验和 B 端的资源整合上发力，为全球用户提供了图 3-10 所示的服务。

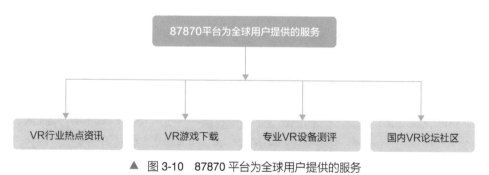

▲　图 3-10　87870 平台为全球用户提供的服务

2015 年，87870 还是首家参加中国国际数码互动娱乐展览会的 VR 平台，在游戏展中，87870 首次携旗下的产品亮相，创下了游戏展中设备和游戏总价全场最高的新纪录。

3.3 虚拟现实商业模式逐渐成形

解决眩晕问题，提高用户的体验感，同时打造更丰富的应用场景和内容，是虚拟现实未来发展的方向。当下，虚拟现实的商业模式已经逐渐成型，本节主要探讨虚拟现实的一些商业发展模式。

3.3.1 虚拟现实企业获得良好资金支持

2016年，虚拟现实即将迎来真正的元年，有影响力的企业纷纷入局，先是有微软、三星、facebook 运筹帷幄，然后腾讯、百度、乐视紧随其后，高调入局，而融资消息也不断传来，如图 3-11 所示。

虚拟现实领域的融资消息
- 红杉资本投资蚁视
- 乐视投资灵镜
- 腾讯投资Pocket Gems
- 华谊兄弟投资暴风魔镜
- 迅雷投资大朋
- APUS 投资焰火工坊

▲ 图 3-11　虚拟现实领域的融资消息

3.3.2 "虚拟现实 + 各行各业"高速增长

什么是"虚拟现实 +"？通俗来说，"虚拟现实 +"就是"虚拟现实 + 各行各业"，例如"虚拟现实 + 游戏""虚拟现实 + 影视"等。随着虚拟现实应用场景层出不穷，虚拟现实有望颠覆众多行业，形成"虚拟现实 + 各行各业"的趋势。

3.3.3 线下体验市场即将引爆

虚拟现实线下体验市场发展迅速。例如乐客 VR 就推出了虚拟现实云平台 VRLe，以颠覆的心态，兼容各大硬件厂商产品以及各类虚拟现实游戏，推出了诸多虚拟现实解决方案，诸如线下虚拟现实跑步机、虚拟现实驾驶座椅、虚拟现实游戏、动作捕捉体验等。

3.3.4　用户付费下载模式

除了线下体验之外，未来手机 APP 软件下载付费也是商家盈利模式之一。目前，大多数虚拟现实游戏软件都是免费的，等虚拟现实推广到一定的成熟阶段之后，就能够采取收费模式了，而商家需要做的就是在内容上确保优质性和可获取性。

3.3.5　广告营收模式

虚拟现实以其强大的沉浸体验式性能让广大广告商"垂涎欲滴"，因为相比普通的弹跳广告，在虚拟现实的虚拟场景中植入广告更容易被用户接受。

3.4　虚拟现实实际的商业化应用

人们时常会在电影中看到地震、海啸等灾难场景，这些场景经过虚拟现实特效制作师的编辑后，让人们在观看时有如身临其境。而事实上，不仅是在电影中，现实的商业应用中，也有很多运用了虚拟现实技术。

3.4.1　打造虚拟现实网络售楼

新浪乐居是一家房地产网络内容平台，它搭载新浪网、百度、新浪微博等国内网络平台，在房地产互联行业构建了多维度创新业务模式。而在虚拟现实领域，通过引入思科和水晶石公司的技术，开始尝试"网上售楼处"的可视化网络服务。

和以往的只把图片或者视频放到网上的方式不同，可视化网络技术能够为用户带来"现场观摩"般的体验效果，同时，这一技术还可以开发出很多其他的购房体验，例如设计师帮助用户设计好房子，用户可以根据自己的喜好在网上用鼠标随意搬动家具、更改装修风格等。

3.4.2　虚拟现实结合商业游戏

facebook20 亿美元收购 Oculus VR 公司这一举动，让虚拟现实技术引起了行业内众多人士的关注。同时，很多游戏开发商也将目光聚焦在这一高科技技术上，希望能够开发出基于虚拟现实技术的万人在线大型网游。

通过虚拟现实网络游戏，海量的人群可以在这个虚拟情境中相遇并交流。虚拟现实技术能够覆盖网络游戏、房地产、在线医疗、影视等多个领域，目前网络游戏是其中开发比较成熟的领域，因其应用功能更容易推广，因此潜在的商业价值也更大。

3.4.3　360°虚拟现实视频

虚拟现实技术在视频领域的应用已经超乎人们的想象，美国的一家虚拟现实企业 Jaunt 就在这个领域创造了新的奇迹，他们研发了 360°虚拟现实摄像机 Jaunt VR，如图 3-12 所示。

▲ 图 3-12　360°虚拟现实摄像机 Jaunt VR

Jaunt 成立于 2013 年，是集硬件、软件、工具、应用开发及内容生产于一体的 VR 企业，以提供虚拟现实视频拍摄和处理服务为主要业务。他们研发的 360°虚拟现实摄像机 Jaunt VR 支持全景拍摄，能将四周的场景全部录制下来，然后用来制作虚拟现实的视频。

3.4.4　虚拟 3D 彩色全息图像

2015 年的 12 月，韩国成功制作出了全球第一个 360°彩色全息图像——浮动的魔方，如图 3-13 所示。

▲ 图 3-13　全球第一个 360°彩色全息图像

研究人员表示，这一全息图的原理如图 3-14 所示。

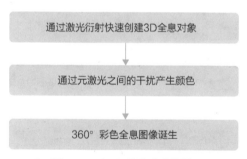

▲ 图 3-14　360°彩色全息图的原理

　　然而，这种方法的局限就是只能制作 3 英寸的图像，同时还要用到十分复杂的辐射系统。

3.4.5　多人混合虚拟现实

　　2015 年，微软公司杰伦·拉尼尔实验室的研究人员试验了一种多人现实增强技术，这项技术被运用在多人混合虚拟现实中，基于这项技术的产品名叫"全息透镜"。在这个虚拟现实情境中有多人参与，将他们的头盔与智能手机、笔记本电脑连接，其中一个头盔用于录制连续镜头，而其他的外部传感器则用于跟踪参与者的头部运动。

另外一家名为 USC 的混合现实实验室也在研究多人混合虚拟现实，图 3-15 所示为 USC 的混合现实实验室的多人混合虚拟现实。

▲ 图 3-15　多人混合虚拟现实

3.4.6　虚拟现实体验馆

"WASAI 虚拟现实体验馆"是我国第一家虚拟现实体验馆，它是北京太阳光影影视科技有限公司在沉浸式 3D 虚拟现实头盔方面的市场切入点，"WASAI 虚拟现实体验馆"拥有灵活的商业运作模式，如图 3-16 所示。

▲ 图 3-16　"WASAI 虚拟现实体验馆"灵活的商业运作模式

在"WASAI 虚拟现实体验馆"中，用户可以体验到各种充满刺激的项目，如图 3-17 所示。

▲ 图 3-17 "WASAI 虚拟现实体验馆"的虚拟现实项目

3.5 虚拟现实的商业前景分析

虚拟现实技术不仅是在游戏和娱乐行业引起了变革，在医疗、影视、教育、社交、建筑等领域也带来了颠覆性的创新变革，未来，虚拟现实将给商家带来无可估量的商机。

虚拟现实的商业前景主要体现在图 3-18 所示的几方面，本节主要介绍虚拟现实的商业前景。

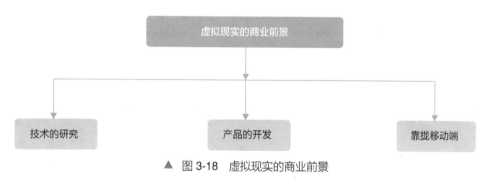

▲ 图 3-18 虚拟现实的商业前景

3.5.1 技术的研究

未来的虚拟现实技术的研究需要考虑两方面的内容，一个是交互性，另一个是多元化。交互性是指未来的受众会主动地与周围的环境进行交互，而不是被动地观看某个视频或者电影；多元化是指吸引更多的人参与虚拟现实技术的开发和制作，不同的人群其思想和表达创意的方式不一样，虚拟现实技术的研究和开发需要考虑到多元化这一特性。

3.5.2 产品的开发

目前市面上的虚拟现实产品，最多的还是虚拟现实头盔和虚拟现实眼镜，未来的虚拟现实产品可能包括图 3-19 所示的几大系统。

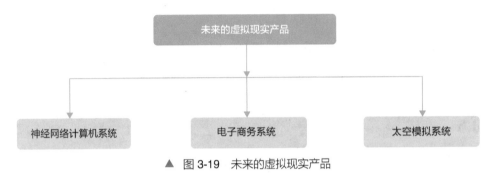

▲ 图 3-19 未来的虚拟现实产品

3.5.3 靠拢移动端

手机移动端是一个很好的切入口，2015 年，谷歌眼镜进入人们的视野，用户只要将谷歌眼镜连接到智能手机上，就能成为头戴式显示器供人们使用。未来，这种趋势将会延续下去，越来越多的移动端虚拟现实设备会出现在市场上。

第4章

互动营销：
用虚拟现实助力产品销售

虚拟现实的互动方式能够让用户获得更为逼真的感官体验，未来，虚拟现实电商将会是一种新的趋势，本章介绍虚拟现实的互动营销及相关的案例分析。

学前提示

| 互动营销：用虚拟现实助力产品销售 | 4.1 | 虚拟现实：互动营销的必备手段 |
| | 4.2 | "虚拟现实+互动营销"案例分析 |

4.1 虚拟现实：互动营销的必备手段

互动营销就是消费者和企业双方在互动中展开的一种营销方式，互动营销最大的特点是抓住互动双方的共同利益点，然后找到巧妙的沟通时机和方法，从而将双方紧密地结合在一起。

互动营销应用在虚拟现实领域里，能够起到图 4-1 所示的几大作用。

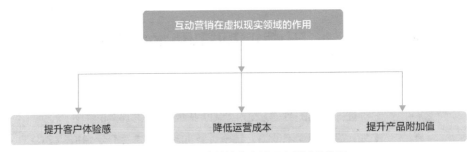

▲ 图 4-1　互动营销在虚拟现实领域的作用

4.1.1　用户希望获得逼真体验

在虚拟现实的互动营销中，消费者通常希望获得逼真体验。世界上首款虚拟现实全身触控体验套件 Teslasuit 如图 4-2 所示，其通过肌肉电刺激（EMS）技术，来让消费者获得真实的感觉，例如被拥抱的感觉、被子弹射中的感觉或者在沙漠中被灼晒的感觉等。

▲ 图 4-2　虚拟现实全身触控体验套件 Teslasuit

Teslasuit 主要利用温和的电子脉冲来刺激人的身体，从而模拟出各种不同的感觉。当用户穿戴上设备后，就好像将真实世界和虚拟现实世界进行了完美融合。

Teslasuit 设备主要由图 4-3 所示的几部分组成。

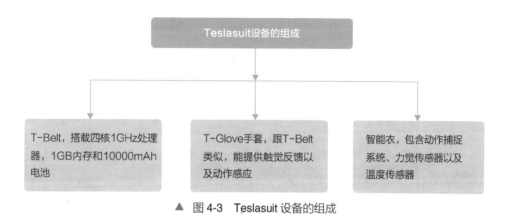

▲ 图 4-3　Teslasuit 设备的组成

4.1.2　带给顾客多重感官体验

感官体验，顾名思义，就是通过眼、耳、口、鼻等感官使消费者获得视觉、听觉、味觉、嗅觉上的体验和感受。在虚拟现实领域中，感官体验是最直接的刺激，其最主要的作用如图 4-4 所示。

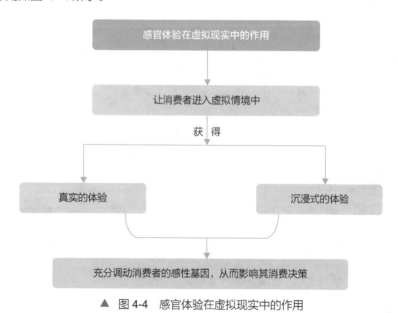

▲ 图 4-4　感官体验在虚拟现实中的作用

4.1.3 一种更好的零售体验

将虚拟现实运用到电商领域会发生什么？会发生颠覆性的改革，虚拟现实电商会通过更高级的交互方式，带给人们更好的购物体验。

针对目前的电商平台，未来虚拟现实电商平台会有哪些不同呢？如图 4-5 所示。

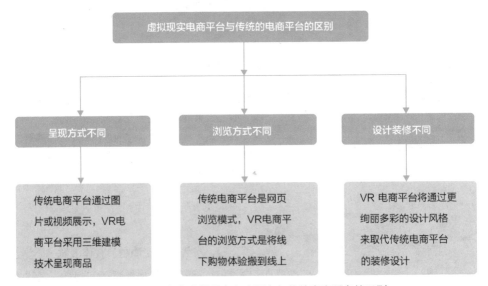

▲ 图 4-5　未来虚拟现实电商平台与传统电商平台的区别

4.2　"虚拟现实 + 互动营销"案例分析

相比于传统的营销方式来说，VR 的互动营销方式更加令人记忆深刻，本节介绍几个"虚拟现实 + 互动营销"的经典案例。

4.2.1 菲亚特 AR "Fiat 500 Abarth" 赛车

AR 赛车游戏是一种虚拟现实赛车游戏，如图 4-6 所示，在虚拟游戏场景中，逼真的赛车画面感以及真实的汽车引擎声，能够让玩家享受无穷乐趣。

菲亚特集团旗下的品牌 Abarth 汽车在发布"Fiat 500 Abarth"新车的同时，利用 D'Fusion 增强现实技术，制作了一款 AR 赛车游戏。

玩家若想要启动赛车，只需拿起图卡对准摄影机；对速度有需求的玩家，可以通过"涡轮增压引擎"实现；如果想要改装赛车，通过选择图卡上的按钮就可以针对图 4-7 所示的内容进行改装。

游戏配合 Abarth 独特的引擎声以及沸腾的音乐声来激发玩家的兴趣，除了声效方面的特点之外，还有地形场景上的变化，从"都市街道"进入"山地"，一方面让玩家体验真实的赛车感觉，另一方面又展现了 Abarth 的独特性能。

▲ 图 4-6　Abarth 发布的 AR 赛车游戏

▲ 图 4-7　在游戏上对赛车进行改装的内容

　　除了以上提到的内容之外，Abarth 在"仿真驾驶"上也下了很大的工夫，具体包括图 4-8 所示的内容。

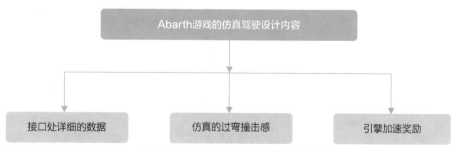

▲ 图 4-8　Abarth 游戏的仿真驾驶设计内容

4.2.2 碧浪洗衣粉 AR 时尚洗衣游戏机台

衣物洗护品牌"碧浪洗衣粉"曾为推广"污渍自溶科技"技术，利用 AR 增强现实技术，打造出了一台"AR 时尚洗衣游戏机"。消费者只需通过 AR 辨识图卡即可启动"碧浪魔棒"，而如果想要观赏"蓝色强效去污粒子"的去污过程，用图卡将"碧浪魔棒"移动到有污渍的地方即可。

4.2.3 OLAY "AR 超时空水舞"互动体感游戏

为宣传 OLAY 新推出的长效补水保湿产品，爱迪斯创意利用 AR 增强现实技术，推出了"超时空水舞"的互动体感游戏。

用户踏进舞池就会看到 Angelababy 好像就在身边，并随机做出一系列交互动作，如图 4-9 所示。

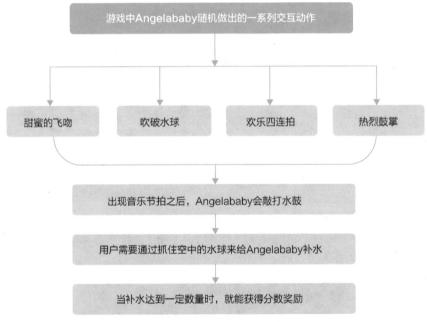

▲ 图 4-9 游戏中 Angelababy 随机做出的一系列交互动作

4.2.4 华纳兄弟"绿光战警 AR 变身活动"

华纳兄弟电影公司为电影《绿光战警》举办了"加入军团勇者无惧"的 AR 变身活动，这次活动的相关介绍如图 4-10 所示。

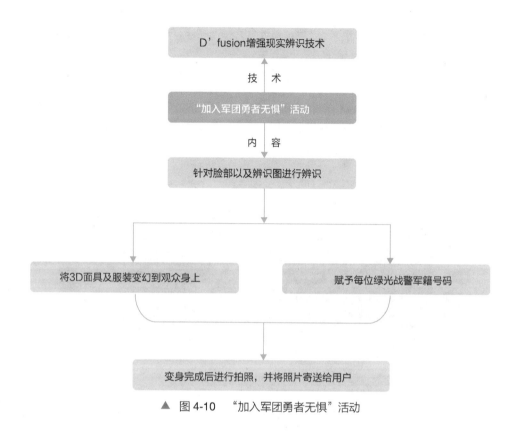

▲ 图 4-10 "加入军团勇者无惧"活动

4.2.5 纳智捷 MVN 人体惯性动作捕捉系统

在上海车展上，东风裕隆集团旗下的自主品牌纳智捷采用高效传感器"MVN 人体惯性动作捕捉装置"技术推出了智慧电动概念车"neora"，同时呈现出 neora 智慧虚拟人的创新性能，如图 4-11 所示。

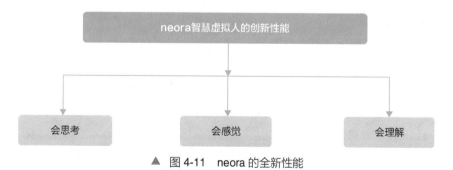

▲ 图 4-11 neora 的全新性能

为了展现 neora 的核心智慧、绿色节能与全新智慧电动车的概念，neora 不仅与主持人、现场来宾进行互动，还进行了高难度的舞蹈动作，成功吸引了人们的目光。

4.2.6 菲律宾本田汽车，指尖体验 AR 技术

菲律宾本田汽车将 D'Fusion 增强现实技术作为本田 Jazz 元素的一部分，通过本田 Jazz 的宣传单，用户可以随意把玩欣赏 Jazz 的 3D 立体的车身，如图 4-12 所示，还能进行图 4-13 所示的操作。

▲ 图 4-12　通过 Jazz 的宣传单欣赏 Jazz 的 3D 立体的车身

▲ 图 4-13　通过 Jazz 宣传单进行的操作

4.2.7 标致汽车让赏车体验更生动有趣

在第十一届北京国际汽车展览会上，标致汽车通过 D'Fusion 增强现实的核心技术创造出 AR 交互式型录，为用户带来极致的赏车体验，如图 4-14 所示。

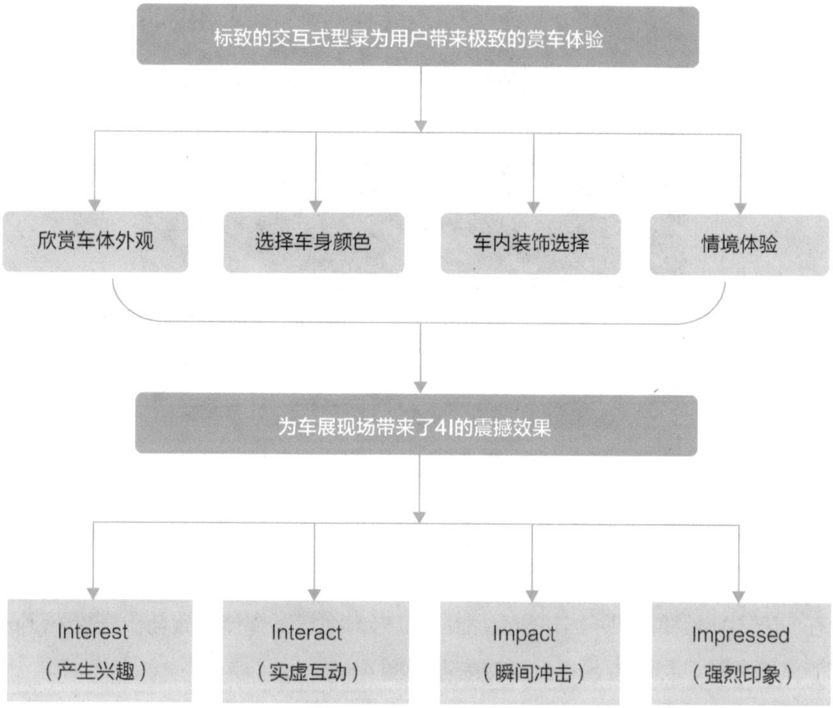

标致的交互式型录为用户带来极致的赏车体验

欣赏车体外观　　选择车身颜色　　车内装饰选择　　情境体验

为车展现场带来了4I的震撼效果

Interest
（产生兴趣）　　Interact
（实虚互动）　　Impact
（瞬间冲击）　　Impressed
（强烈印象）

▲ 图 4-14　标致的交互式型录为用户带来极致的赏车体验

4.2.8　Bean Pole 服饰 Bean Pole Jeans 互动舞台

Bean Pole Jeans 服饰为推广品牌，提升营销效果，特别请来了韩国少女团体进行代言。在这一系列的活动中，通过 D'Fusion 增强现实技术推出了 Bean Pole Jeans 虚拟现实互动舞台。

4.2.9　Thinkpad 计算机 AR 增强现实营销

为了将品牌形象深刻地融入消费者的生活，Thinkpad 运用 D'Fusion 增强现实技术将小黑系列的计算机通过网络与消费者的生活结合，产生近乎零距离的品牌体验。

4.2.10　品客超炫 3D 足球互动游戏

几年前，在阿凡达掀起 3D 热潮的时候，正值足球世界杯期间，为了搭上世界杯和阿凡达的热潮，品客将增强现实技术 D'Fusion 导入一款足球游戏中，用户只要拿起品客薯片罐就能玩，如图 4-15 所示。

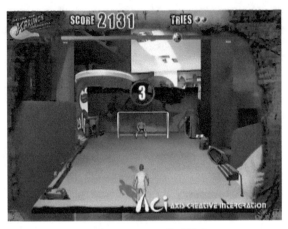

▲ 图 4-15　3D 足球游戏

4.2.11　MACALLAN 互动 AR 新酒发表会

在 MACALLAN 新品上市的晚会上，主办方通过多媒体装置与贵宾展开了一场多感式的体验互动，互动位置和互动的内容如图 4-16 所示。

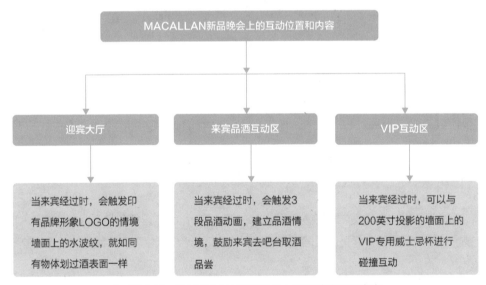

▲ 图 4-16　MACALLAN 新品晚会上的互动位置和内容

4.2.12　伊蒂哈德球场的 360°之旅

如果想要在伊蒂哈德球场上来一场 360°的足球之旅，并体验到那种身临其境的感觉，可以尝试 CityVR 这个应用程序。CityVR 是一个面向 Android 和 iOS 设备的虚拟现实应用程序，它能够与限量版的曼彻斯特城设备配合使用，图 4-17 所示的是通过 CityVR 对足球比赛产生的观感。

▲ 图 4-17　通过 CityVR 对足球比赛产生的观感

4.2.13　百事足球嘉年华之 AR 互动游戏

"百事足球嘉年华"活动是百事可乐为喜欢足球的青少年们举办的一个网络互动平台活动，如图 4-18 所示。活动以虚拟百事罐作为积分单位，用户通过赚钱并花费虚拟百事罐，可以在活动中进行一系列的互动游戏，同时活动还加入了 D'Fusion 增强现实技术，能够让用户体验一回当世界杯足球赛守门员的快感。

▲ 图 4-18　"百事足球嘉年华"活动

第 5 章

场景营销：
紧密结合营销方式与生活

学前提示

场景是推进互联网发展的根本驱动力，虚拟现实则是通过智能可穿戴设备将人们带入一个虚拟的时空，然后在虚拟场景中获得各种真真切切的感受。如果将虚拟现实的场景营销发挥到极致，一定会为商家带来不可估量的价值。本章主要介绍场景营销。

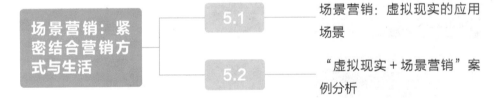

| 场景营销：紧密结合营销方式与生活 | 5.1 | 场景营销：虚拟现实的应用场景 |
| | 5.2 | "虚拟现实＋场景营销"案例分析 |

5.1　场景营销：虚拟现实的应用场景

按人们生活的场景，场景营销可分为两类，如图 5-1 所示。

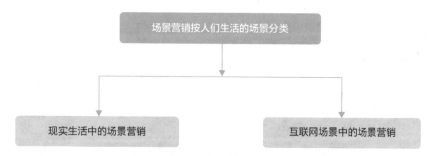

▲ 图 5-1　场景营销按人们生活的场景进行分类

场景营销的特点包括图 5-2 所示的几点。

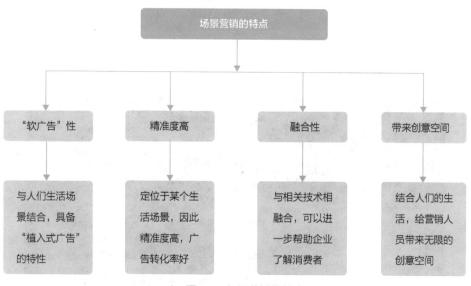

▲ 图 5-2　场景营销的特点

如果说场景 1.0 是互联网场景体验时代，那么随着虚拟现实的到来，我们跨越了场景时代的实体景象的体验，进入了虚拟世界的场景 2.0 时代。

5.1.1　虚拟现实（VR）场景

VR 眼镜已经成为虚拟现实的入口，企业和商家纷纷进入虚拟现实领域。人们最常看到的虚拟现实场景是"虚拟现实 + 游戏""虚拟现实 + 电影""虚拟现实 + 娱乐""虚拟现实 + 医疗""虚拟现实 + 教育""虚拟现实 + 体育"等。

　　在医疗领域，通过虚拟现实编辑的病例影片，可以逼真地模拟实际操作，从而提升医疗新手的技艺；或者通过虚拟现实让病人置身于某个场景中，转移病人的注意力，帮助病人减轻病痛；或者通过虚拟场景进行医学知识的学习，如图 5-3 所示。

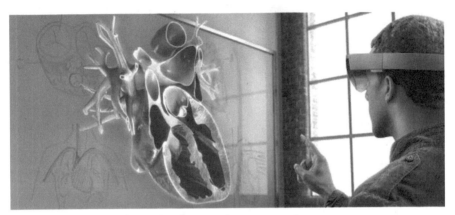

▲ 图 5-3　通过虚拟场景进行医学知识的学习

　　在游戏领域，通过虚拟现实让玩家置身于游戏场景中，与喜爱的经典游戏人物亲密接触，在提高感官刺激的同时，增强玩家的愉悦感，如图 5-4 所示。

▲ 图 5-4　虚拟现实游戏场景

　　在电影领域，通过虚拟现实头盔和眼镜，人们可以进入沉浸式的观影世界，享受逼真的电影场景，如图 5-5 所示。

▲ 图 5-5　虚拟现实电影场景

　　在教育领域，课堂不再是传统的以二维平面的方式展现文字和内容，而是采用虚拟现实的全景教学模式，可以让学生进入完全沉浸式的学习状态，图 5-6 为将虚拟现实应用在教育领域。

▲ 图 5-6　虚拟现实应用在教育领域

　　在娱乐方面，通过虚拟现实眼镜，人们可以亲身感受演唱会的现场氛围。

在体育方面，通过虚拟现实技术人们可以和篮球明星科比来一场 3 分球对决，或者进行一场刺激、惊险的攀岩运动。

除此之外，通过 VR 可以实现的场景还有很多，如图 5-7 所示。

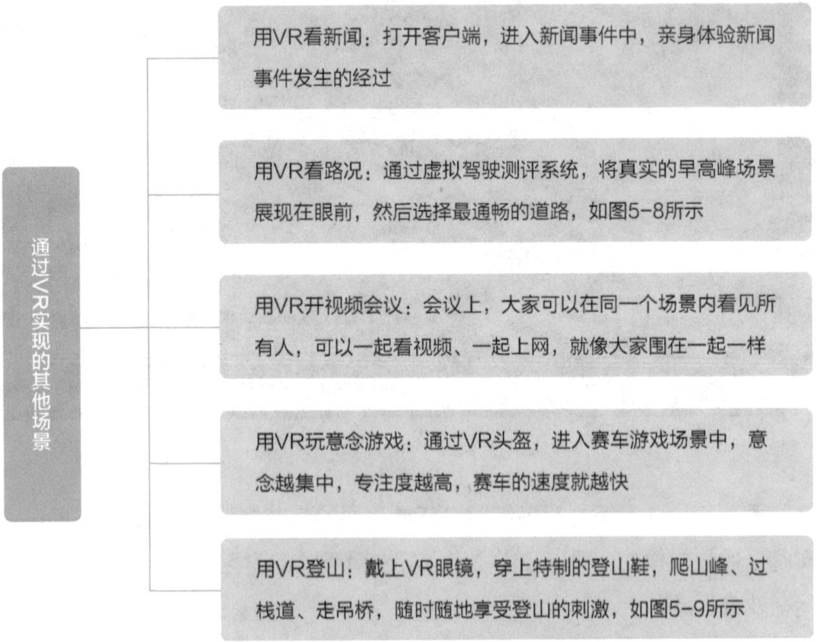

用VR看新闻：打开客户端，进入新闻事件中，亲身体验新闻事件发生的经过

用VR看路况：通过虚拟驾驶测评系统，将真实的早高峰场景展现在眼前，然后选择最通畅的道路，如图5-8所示

通过VR实现的其他场景

用VR开视频会议：会议上，大家可以在同一个场景内看见所有人，可以一起看视频、一起上网，就像大家围在一起一样

用VR玩意念游戏：通过VR头盔，进入赛车游戏场景中，意念越集中，专注度越高，赛车的速度就越快

用VR登山：戴上VR眼镜，穿上特制的登山鞋，爬山峰、过栈道、走吊桥，随时随地享受登山的刺激，如图5-9所示

▲ 图 5-7　通过 VR 实现的其他场景

▲ 图 5-8　用 VR 看路况

▲ 图 5-9　用 VR 登山

5.1.2　增强现实（AR）场景

增强现实场景和虚拟现实场景在应用时，有很多交叉的领域，譬如武器和飞行器的研制、数据模型可视化、虚拟训练、娱乐等，在这些领域中，两者有着类似的应用。除此之外，增强现实因其能够对真实环境进行增强显示的作用，因此，在某些应用场景中，AR 具备更明显的优势。

- 在医疗领域，医生通过增强现实技术，能够精准地定位手术的部位，如图 5-10 所示。

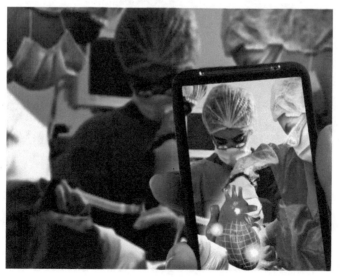

▲ 图 5-10　增强现实应用到医疗领域

- 在军事领域，通过增强现实技术，可以精确地进行方位识别。
- 在文化遗产保护领域，通过增强现实技术，观众可以看到古文物上残缺部分的虚拟重构信息。
- 在器械维修领域，通过增强现实技术和头戴式可视设备（HMD），用户可欣赏到设备的内部结构和设备维修时的零件图等。
- 在游戏领域，增强现实技术能够让全球不同的玩家进入到同一个场景中，以虚拟替身的形式进行对战。
- 在广告领域，通过增强现实技术，人们可以在封面上看到立体的信息补充和叠加，如图 5-11 所示。

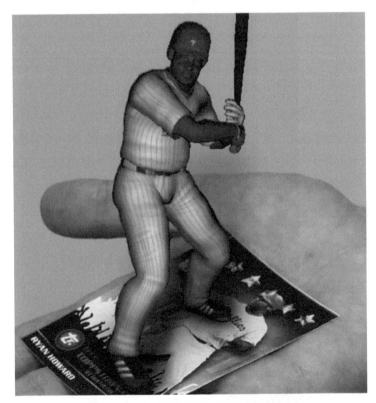

▲ 图 5-11 增强现实在广告领域的应用

- 在旅游领域，通过增强现实技术，游客在游玩的过程中便能够观看展品的相关信息资料；或者在陌生的城市，游客通过增强现实技术就能够了解附近商家、建筑等的相关信息，如图 5-12 所示。
- 在交通领域，通过 AR 技术，可以实现城市交通智能导航，如图 5-13 所示。

▲ 图 5-12　通过增强现实技术获得的信息资料

▲ 图 5-13　通过增强现实技术实行智能导航

5.1.3　现实生活里的场景营销

现实生活中，已经有很多商家开始通过虚拟现实技术进行场景营销战略。

1. 360°交互式的视频应用——UNSTAGED

美国歌手 Taylor Swift 在新歌《Blank Space》发布时，制作了一款 360°交互式的视频应用——UNSTAGED，如图 5-14 所示。在该应用中，用户可以在虚拟现实场景中发现各种隐藏的线索。这项充满创意的虚拟现实场景营销模式，帮助其在艾美奖中获得了"原创互动节目"的殊荣。

2. 赛百味让用户在纽约街头吃三明治

赛百味利用虚拟现实进行了一次场景营销，位于伦敦街头的人们，会看到一辆纽约风格的出租车，这场虚拟现实的场景营销的玄机就暗藏在这辆出租车上。当人们拿着赛百味三明治坐进这辆出租车的时候，就能够一边欣赏纽约的风情，一边品尝美味的三明治，如图 5-15 所示。

▲ 图 5-14　360°交互式的视频应用——UNSTAGED

▲ 图 5-15　赛百味让用户在纽约街头吃三明治

3. 耐克推出内马尔虚拟现实

运动品牌耐克针对足球爱好者，推出了一款内马尔虚拟现实应用，这款应用能够让用户以内马尔的视角，享受从带球过人至最后得分等一系列精彩动作。

4. 斯柯达通过 AR 技术进行互动营销

为了让用户更深入地了解一款车型，斯柯达运用增强现实技术在伦敦的滑铁卢火车站举办了一场大型的营销活动，活动内容如图 5-16 所示。

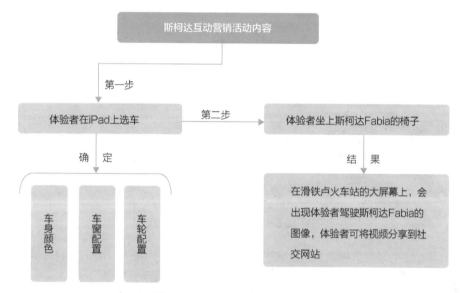

▲ 图 5-16　斯柯达互动营销活动的内容

5.1.4　PC 场景营销

在 PC 端进行场景营销是互联网发展的必然趋势，因为互联网顺应了人类对场景的诉求，这种诉求就是通过互联网实现更为极致的美好生活体验。BBS 是社交时代的第一大 PC 舆论大本营；微博出现后，以 140 字的撰写功能取得碎片化时代场景之战的胜利；淘宝的 PC 平台战略颠覆了传统的零售商……

而从 2014 年 9 月 1 日暴风魔镜发布开始，虚拟现实场景营销便成为互联网的下一个风口，PC 端的虚拟现实场景营销成为商家必争之地。

5.1.5　移动场景营销

微信的到来，引爆了移动端的社交潮流，智能手机类移动设备成为人们随身携带的物品之一，各大商家开始抢夺移动端口，开发出各类应用供消费者使用，可以说，移动时代给人们带来了更便利的体验。最早开发出的虚拟现实移动端是 Google 的谷歌眼镜，然后是三星和 Oculus 一起开发的 Gear VR，与谷歌眼镜相比，Gear VR 具备图 5-17 所示的特点。

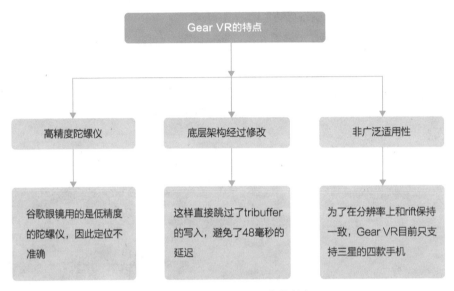

▲ 图 5-17　Gear VR 具备的特点

移动端的场景营销更多的是需要创意，用创意来吸引用户，用创意来打动用户，再加上虚拟现实的沉浸式体验，很容易获得一批忠实的用户。

5.2　"虚拟现实 + 场景营销"案例分析

把营销方式与人们的生活联系起来，从而吸引顾客，达到营销的目的，这就是场景营销。场景营销在现实生活中处处可见，本节介绍几个"虚拟现实 + 场景营销"的经典案例。

5.2.1　英特尔：抓蝴蝶活动，创场景营销新路

为了迎接"双十二"促销活动，英特尔联手淘宝天猫通过"抓蝴蝶"的场景游戏进行了一次全新的推广。这次活动主要是根据 12 个时间段内，用户在网上搜索、停留时间较长的特点而展开的。

此次活动的内容和流程如图 5-18 所示。

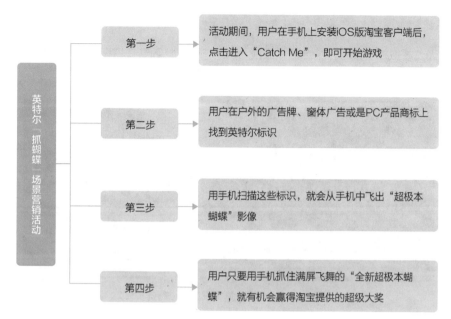

▲ 图 5-18 活动的内容和流程

淘宝网与英特尔的这次场景营销活动，创造了营销活动史上的多项第一，如图 5-19 所示。

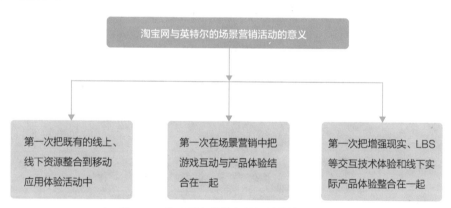

▲ 图 5-19 淘宝网与英特尔的场景营销活动的意义

通过增强现实技术，这次场景营销活动获得了很好的宣传效果，让人们看到了一个全新的体验式营销方式，除此之外，还让人们看到了一个充满魄力、充满创意精神、充满热情的英特尔品牌。

5.2.2 沃尔沃：360°体验新 XC90 车

通过虚拟现实技术，结合谷歌眼镜，沃尔沃可以让顾客在家里对 XC90 车进行虚拟试驾，如图 5-20 所示。

▲ 图 5-20　沃尔沃让顾客在家中进行虚拟试驾

具体的操作流程如图 5-21 所示。

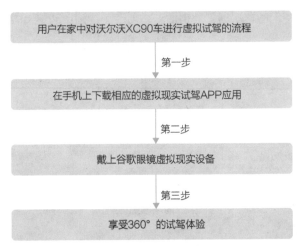

▲ 图 5-21　用户在家中对沃尔沃 XC90 进行虚拟试驾的流程

5.2.3 Dior Eyes：创造了一个 3D 沉浸式场景

Dior 时尚品牌在虚拟现实领域也做出了自己的贡献，先是为虚拟现实创造了一部短片，之后还创造了一款超级虚拟现实头戴设备——Dior Eyes，如图 5-22 所示。

▲ 图 5-22　虚拟现实头戴设备——Dior Eyes

Dior 时装秀是极度专属的活动，仅特邀观众可以到现场观看，但是通过 Dior Eyes 的虚拟现实技术，用户可以被"传送"到图 5-23 所示的虚拟场景中。

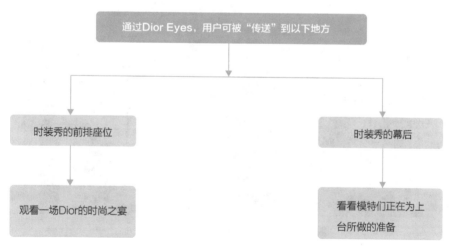

▲ 图 5-23　Dior Eyes 的虚拟场景

路易·威登集团发消息说这款 Dior Eyes 虚拟现实设备是与 Digitas LBi Labs 联合研发的，因此拥有图 5-24 所示的性能。

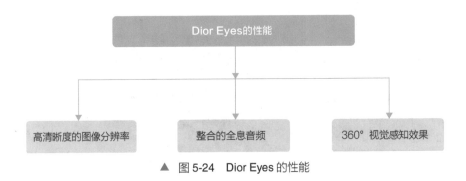

▲ 图 5-24　Dior Eyes 的性能

5.2.4　GoT Exhibit：借助虚拟现实参观虚幻世界

为宣传第五季《权力的游戏》，GoT Exhibit 在伦敦 O2 体育馆举办了一场以虚拟现实技术参观虚幻世界的活动，粉丝戴着虚拟现实头盔，就能亲身体验走在《权力的游戏》电视剧中那 700 英尺高的城墙上的感觉，如图 5-25 所示。

▲ 图 5-25　GoT Exhibit 的虚拟现实活动

该虚拟现实场景技术使用的是 Unity 游戏引擎研发出来的程序，在该场景中，用户可以听到逼真的模拟声音，以此来增强沉浸感。

5.2.5　Ocean Spray：创虚拟现实最美丰收短片

每年蔓越莓收割的时候，蔓越莓都能汇成一片红色的海洋，那场景真是美不胜收，如图 5-26 所示。

▲ 图 5-26　蔓越莓收割时的场景

　　然而，这一美景却很少有人能够看得到，因此 Ocean Spray 创造了一个有关蔓越莓收割的虚拟现实短片，该短片名为《最美的丰收》（The Most Beautiful Harvest），该短片是利用图 5-27 所示的设备拍摄的。

▲ 图 5-27　《最美的丰收》短片拍摄的设备

　　当观众使用 Oculus Rift 头戴设备观看短片的时候，就如同置身于蔓越莓收割时的场景中。想观看这片绝美的"红色海洋"，除了可以使用 Oculus Rift 头戴设备观看该短片之外，消费者也可以使用谷歌眼镜观看。

5.2.6　北面：消费者挑战虚拟现实极地之旅

　　2015 年 3 月，The North Face（北面）联合 VR 技术厂商 Jaunt，为消费者开启了线下虚拟现实体验之旅。

　　图 5-28 所示是韩国的某个商场内，北面的工作人员带领穿上他们羽绒服的顾客

进入布置好的雪地场景，然后让顾客坐在雪橇上，并戴上 Oculus VR 眼镜体验在极地坐雪橇的快感。顾客戴上眼镜之后，就仿佛有一群雪橇犬冲出来，然后雪橇被狗拉着前进。

▲ 图 5-28　北面顾客正在体验极地虚拟现实场景

同时，店内工作人员还在指定的地点悬挂了秋冬新品，如图 5-29 所示，让顾客可以在雪橇路过时将衣服拿下来。

▲ 图 5-29　北面工作人员在指定地点悬挂的秋冬新品

第6章

虚拟现实
在医疗健康领域的应用

学前提示　随着虚拟现实技术的不断提高以及成本的降低，虚拟现实设备在医疗健康领域的运用渐渐成为可能。未来，虚拟现实技术将会从许多不同的方面来造福医疗事业，本章主要介绍虚拟现实在医疗健康领域的应用。

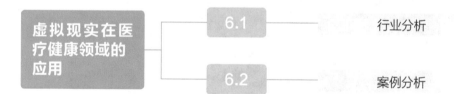

虚拟现实在医疗健康领域的应用	6.1	行业分析
	6.2	案例分析

6.1 行业分析

过去，虚拟现实技术主要被运用在图 6-1 所示的医疗领域中。

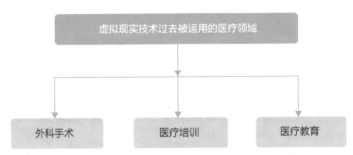

▲ 图 6-1 虚拟现实技术过去被运用的医疗领域

随着虚拟现实技术、仿真技术以及压力反馈技术的深入发展，很多厂商抓住虚拟现实在医疗健康领域的商机，开发出了临床医生能够进行外科手术的虚拟现实产品，让医生在练习外科手术时能够通过虚拟现实设备产生视觉和触觉的双重体验，如图6-2 所示。

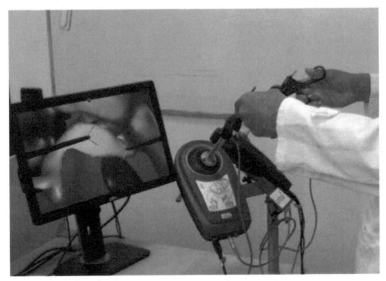

▲ 图 6-2 医疗人员通过 VR 设备进行外科手术训练

除了在外科手术上具有不可比拟的优势之外，在医疗培训和医疗教育中，虚拟现实设备也是一项非常合适的选择，原因有两点，如图 6-3 所示。

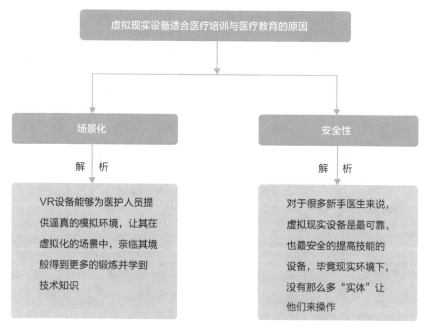

▲ 图 6-3　虚拟现实设备适合医疗培训与医疗教育的原因

在医疗领域中，医生和医疗专业人员因为有很多平时不能接触到的手术操作，这时就可以通过虚拟现实视频来让自己置身其中，观赏手术操作的细节，实现更好的医疗培训和医疗教育，如图 6-4 所示。

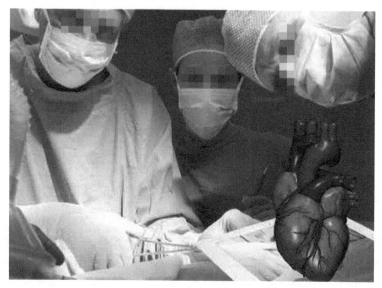

▲ 图 6-4　医疗人员利用 VR 技术进行医疗培训

对于病患来说，虚拟现实技术也有很广泛的运用，如图 6-5 所示。

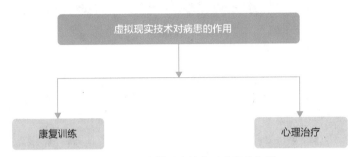

▲ 图 6-5　虚拟现实技术对病患的作用

下面介绍在医疗行业中最常见的几大虚拟现实应用情况。

6.1.1　医学练习

运用虚拟现实技术进行医学练习其实就是运用虚拟现实技术进行虚拟现实手术，虚拟现实手术为医生带来了图 6-6 所示的好处。

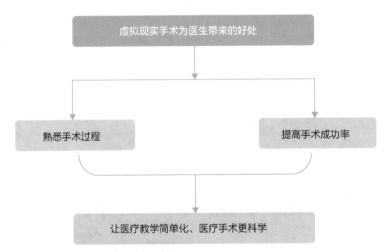

▲ 图 6-6　虚拟现实手术为医生带来的好处

虚拟现实手术的原理是什么呢？虚拟现实手术就是基于医学影像数据，在计算机中用 VR 技术建立一个虚拟环境，医生借助虚拟设备，例如虚拟现实眼镜、虚拟现实头盔等在虚拟环境中进行手术计划和练习。虚拟现实技术与虚拟现实设备的结合，给医生带来了沉浸式的手术体验，让医生仿佛置身于一场真实的手术过程中。虚拟现实手术的目的是为医生实际手术打好基础，图 6-7 所示为骨科虚拟现实手术。

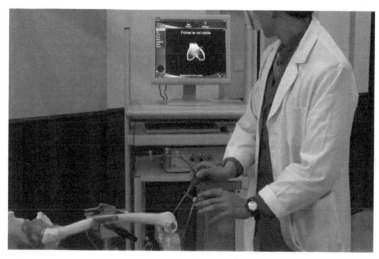

▲ 图 6-7　虚拟现实手术

对于医疗机构来说，为医生提供虚拟现实手术的好处如图 6-8 所示。

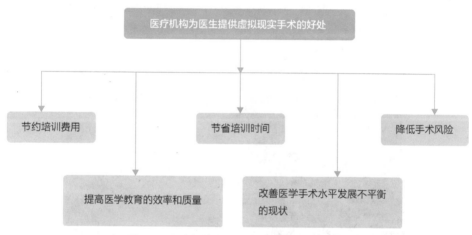

▲ 图 6-8　医疗机构为医生提供虚拟现实手术的好处

Medical Realities 公司开发了一款虚拟现实手术设备——The Virtual Surgeon，
这款产品能够让医生身临其境地参与到外科手术的过程中，其主要的技术和内容
如下。

- 360°视频技术。
- 虚拟现实 3D 技术。
- 交互式的医疗内容。

虚拟现实手术不仅能够帮助医生对病情有更好的诊断，提高医疗效率，同时还能
够帮助医生及时建立手术方案，提高医护间的协作能力。综合而言，虚拟现实手术具

备图 6-9 所示的优势。

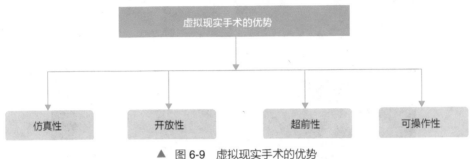

▲ 图 6-9　虚拟现实手术的优势

6.1.2　医疗培训与教育

在虚拟现实医疗领域，除了虚拟现实手术之外，还有虚拟现实医疗培训和教育，例如通过虚拟人体让医疗人员了解人体的构造和功能，如图 6-10 所示。

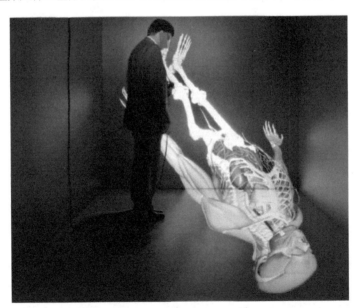

▲ 图 6-10　通过虚拟人体让医疗人员了解人体结构

除了可通过虚拟人体进行医疗培训之外，还可以通过开发医疗现实医学教学软件来实现医疗教育和培训。例如隶属于迈阿密儿童健康系统的尼克劳斯儿童医院和 Next Galaxy Corp 公司合作，制作了专用的虚拟现实医疗培训的软件，主要的功能如图 6-11 所示。

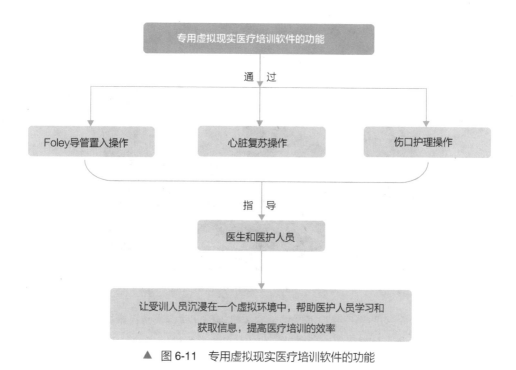

▲ 图 6-11　专用虚拟现实医疗培训软件的功能

6.1.3　康复训练

将虚拟现实技术应用到康复医学领域，具有图 6-12 所示的几大优势。

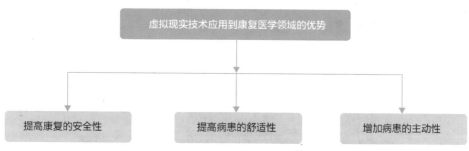

▲ 图 6-12　虚拟现实技术应用到康复医学领域的优势

康复训练包括肢体治疗、残疾人士功能辅助治疗等。在肢体治疗中，可以将虚拟现实技术与娱乐相结合，由屏幕为患者提供一种虚拟情境，让患者置身于某个游戏或者某个旅游情境中，提高患者的治疗情绪，如图 6-13 所示。

▲ 图 6-13　通过虚拟现实进行康复治疗

残疾人士功能辅助治疗是指通过特制的人机接口让残疾人士在虚拟现实情境中实现生活自理，产生一种身临其境的感受，帮助他们提升生活的乐趣和品质。

对于瘫痪人群来说，虚拟现实康复治疗也是一个很好的选择。Wayne Bethke 是一名四肢瘫痪病人，开始时头部以下都不能动，后来通过一款名为 Omni VR 的虚拟康复系统的康复治疗，Wayne Bethke 的健康慢慢恢复，图 6-14 所示是 Wayne Bethke 在训练的场景。

从外观看上去，Omni VR 好像是一台游戏设备，但实际上它是一款能够用于职业病治疗、身体治疗和语言治疗的虚拟现实设备。

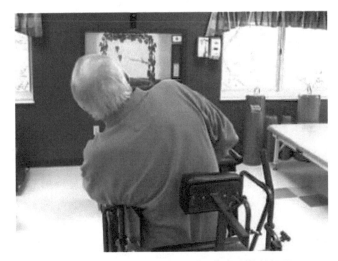

▲ 图 6-14　Wayne Bethke 进行康复训练的场景

6.1.4　心理治疗

到目前为止，虚拟现实技术已经能够应用于有心理创伤的病人的治疗，涉及的范围如图 6-15 所示。

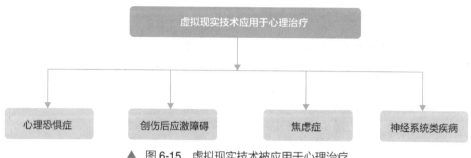

▲ 图 6-15　虚拟现实技术被应用于心理治疗

研究人员将这种采用虚拟现实技术辅助心理疾病的疗法叫作"情绪暴露疗法"，其原理如图 6-16 所示。

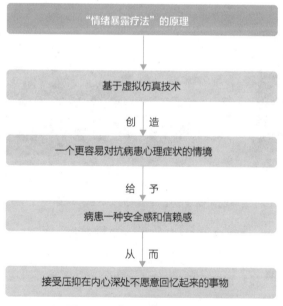

▲ 图 6-16　"情绪暴露疗法"的原理

有一家公司针对飞行焦虑症的患者，开发了一款虚拟现实模拟飞行程序，在心理医生的指导下，飞行焦虑症患者戴上虚拟显示器，如图 6-17 所示，然后通过软件控制虚拟环境中的各种飞行器，直到慢慢适应飞行环境为止，以此来达到克服心理障碍的目的。

▲ 图 6-17 通过虚拟现实技术治疗飞行焦虑症患者

而另一家医疗机构则主要致力于治疗那些因脊髓损伤、截肢而留下心理疾病的病人，通过传感动作捕捉设备、头戴式虚拟现实设备以及医生的暗示，帮助病人突破心理障碍，如图 6-18 所示。

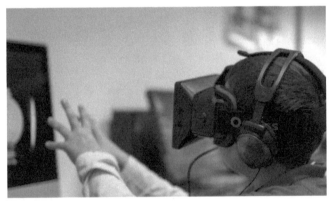

▲ 图 6-18 虚拟现实设备治疗因脊髓损伤、截肢而留下心理疾病的病人

其实在很多年前，就有人将虚拟现实技术运用到恐高症患者的治疗中，在 30 个恐高患者中，有 90％ 的人取得了明显的治疗效果。

同时，虚拟现实技术也被运用在拥有社交焦虑症患者的治疗中，通过建立各种虚拟社交场景，帮助患者克服焦虑症。

在治疗创伤后应激阻碍（post-traumatic stress disorder，PTSD）中，虚拟现实也有所贡献。

创伤后应激阻碍是指个体在经历过一个或多个危及生命安全的事，或受过严重的伤后，所导致的个体延迟出现和持续存在的精神障碍。这是一种心理疾病，虚拟现实技术很早就已经开始被用来治疗烧伤后有强烈痛感或者长期处于恐惧和害怕状态中的士兵，主要是通过刺激实现痊愈的目的。图 6-19 所示为一名女士兵在运用 VR 技术治疗创伤后应激阻碍的场景。

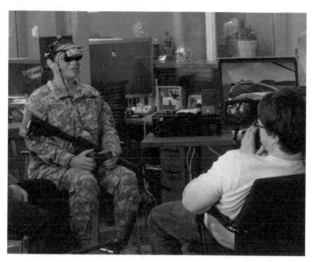

▲ 图 6-19　士兵运用 VR 技术治疗创伤后应激阻碍

6.2　案例分析

在虚拟现实医疗领域有很多优秀的案例，本节介绍几个比较典型的案例。

6.2.1　Maestro AR 3D 机器人手术仿真技术

模拟科技公司曾为机器人手术仿真练习设计过一款增强现实软件，这款软件名叫 Maestro AR 3D，包括图 6-20 所示的多种手术类型的练习模式。

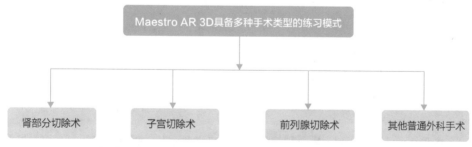

▲ 图 6-20　Maestro AR 3D 具备多种手术类型的练习模式

在 2014 年的美国泌尿学会（American Urological Association，AUA）年会上，Maestro AR 向人们展示了其肾部分切除术的功能，学员通过虚拟机器人对解剖区域进行操作，如图 6-21 所示。

▲ 图 6-21 Maestro AR 向人们展示了其肾部分切除术的功能

手术过程伴有吉尔博士的音频指导，包括图 6-22 所示的 5 个步骤。

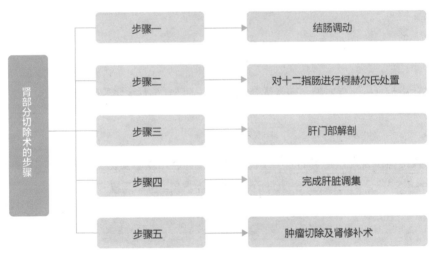

▲ 图 6-22 肾部分切除术的步骤

6.2.2 卡伦临床虚拟现实康复系统

卡伦系统（CAREN）是一款将先进尖端技术融合在一起的临床康复系统，如图 6-23 所示，卡伦系统融合的尖端技术如图 6-24 所示。

▲ 图 6-23　卡伦系统

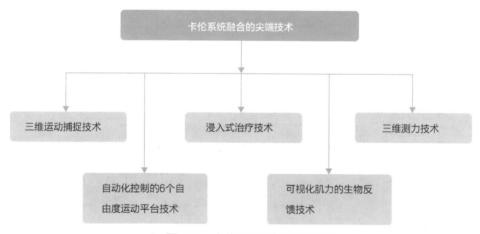

▲ 图 6-24　卡伦系统融合的尖端技术

卡伦系统集诊断、治疗、评估、实时反馈为一体，具体功能如图 6-25 所示。

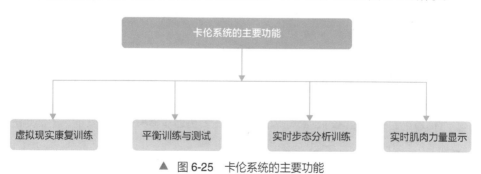

▲ 图 6-25　卡伦系统的主要功能

103

1．虚拟现实康复训练

卡伦系统通过虚拟现实技术为患者提供一系列的康复训练，这些训练的特点如图6-26 所示。

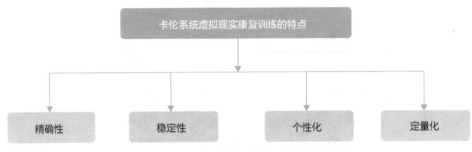

▲ 图 6-26　卡伦系统虚拟现实康复训练的特点

在康复训练的过程中，患者能够根据自己的需求更换虚拟情境，同时还能借游戏和传感设备来增加康复训练的趣味性和提高患者治疗的积极性。

2．平衡训练与测试

卡伦系统通过采集图 6-27 所示的丰富数据，保证患者能够在静态或动态的运动平台上保持平衡。

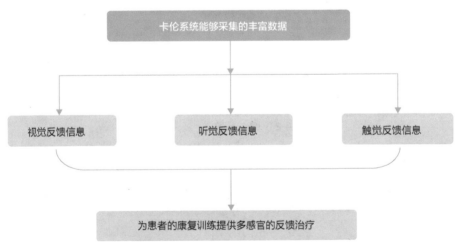

▲ 图 6-27　卡伦系统能够采集的丰富数据

卡伦系统为患者提供的平衡测试和训练，主要是通过模拟各种真实的、不稳定的平衡环境来实现的，如图 6-28 所示。

▲ 图 6-28　卡伦系统平衡测试与训练

3. 实时步态分析训练

在步态分析训练时，患者能够通过卡伦系统获得图 6-29 所示的丰富数据。

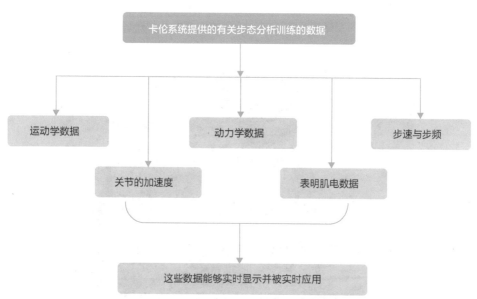

▲ 图 6-29　卡伦系统提供的有关步态分析训练的数据

图 6-30 为卡伦系统大屏幕上实时显示的数据，通过这些数据，患者可以更好地了解自身的情况。

▲ 图 6-30　卡伦系统大屏幕上实时显示的数据

4. 实时肌肉力量显示

　　卡伦系统能够做到肌肉的可视化，患者能通过大屏幕直接获得训练时的肌肉收缩数据，并且通过颜色的变化了解自己哪一块肌肉在用力，哪一块肌肉用力的力度还不够，如图 6-31 所示。

▲ 图 6-31　卡伦系统实时肌肉力量显示

6.2.3　BZ/M-750 内窥镜手术虚拟现实训练系统

　　BZ/M-750 仿真训练系统是一款为内窥镜手术训练者提供培训方案的系统设备。

通过虚拟现实技术和仿真技术，帮助训练者掌握基本的内窥镜检查和手术技能，如图 6-32 所示。

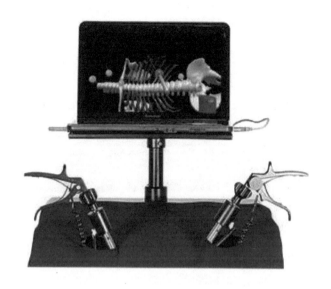

▲ 图 6-32 BZ/M-750 仿真训练系统

从系统硬件来看，该系统包括图 6-33 所示的硬件设备。

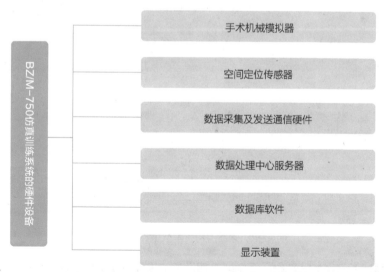

▲ 图 6-33 BZ/M-750 仿真训练系统的硬件设备

系统的软件部分是和医学专家合作，并且完全基于 CT 或 MRI 等医学真实病例而研发的，主要包括图 6-34 所示的部分。

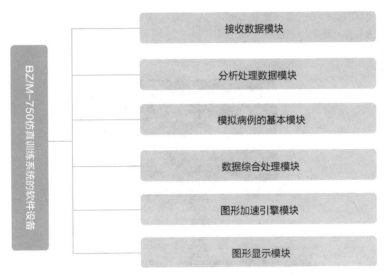

▲ 图 6-34 BZ/M-750 仿真训练系统的软件设备

BZ/M-750 仿真训练系统除了能提供手术练习的平台之外，还可以评估受训者的水平并基于个别受训者的表现进行指导。

6.2.4 虚拟现实技术对中风病起作用

根据澳大利亚的 Stroke Foundation 的调查，有关中风的现状如图 6-35 所示。

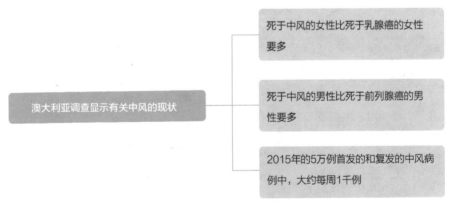

▲ 图 6-35 澳大利亚调查显示有关中风的现状

中风问题已经如此严峻，而中风之后活着的人能够康复更是困难，为此，很多研究人员开始就虚拟现实技术能否帮助病人提前恢复展开研究。

- 在澳大利亚的默多克大学，一款虚拟现实康复系统已经被研发出来，这款虚拟现实康复系统被取名为 Neuromender，通过虚拟情境以及人机交互技术，帮助中风病人进行康复治疗。

- 加拿大的一项研究表明，通过虚拟现实游戏进行康复治疗的病人拥有更好的平衡感和协调性。
- 以色列的一项研究表明，在康复训练中，借助虚拟现实游戏的病人比没借助的病人康复效果好。

从这些研究可以看出，将虚拟现实技术应用在中风患者康复治疗上能够起到一定的效果。

6.2.5 Veloporter：在家也能体验室外健身

Veloporter 是一款可将室内健身自行车转变为虚拟现实健身自行车的设备，如图 6-36 所示。

▲ 图 6-36 Veloporter

Veloporter 设备包括一个头戴式显示器以及一个传感器，使用的步骤如下所示。

首先将可穿戴传感器夹在鞋子或袜子上，如图 6-37 所示。

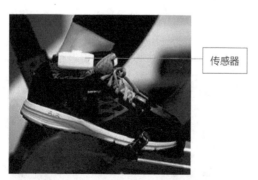

传感器

▲ 图 6-37 将可穿戴传感器夹在鞋子或袜子上

在智能手机中安装配套 APP，然后将智能手机装进头戴式显示器中，如图 6-38 所示。

▲ 图 6-38　将智能手机装进头戴式显示器中

戴上头戴式显示器，就可以享受虚拟现实健身之旅了，如图 6-39 所示。

▲ 图 6-39　戴上头戴显示器

Veloporter 支持 iOS 和 Android 系统的设备，其开发的第一个场景名叫"Moon Cyclist"，是在低重力的月球陨石坑上进行竞赛，如图 6-40 所示。

▲ 图 6-40　Veloporter 第一个竞赛场景

6.2.6　SimPractice 系统：腹腔镜 VR 训练

SimPractice 是一套单端口腹腔镜虚拟互动训练系统，训练者通过 SimPractice 系统可以实现图 6-41 所示的学习目标。

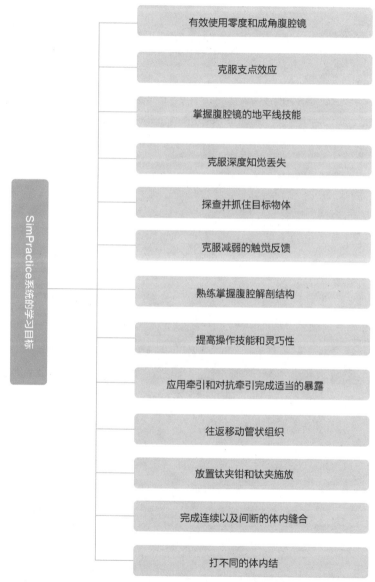

▲　图 6-41　训练者通过 SimPractice 系统实现的学习目标

SimPractice 的硬件采用世界著名厂商的磁追踪技术，具备图 6-42 所示的几大特点。

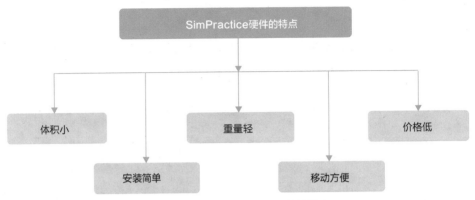

▲ 图 6-42　SimPractice 硬件的特点

第 7 章

虚拟现实
在娱乐游戏领域的应用

学前提示

现阶段的虚拟现实设备更多的是作为"游戏外设"被大家所认知的,虚拟现实技术让数码娱乐游戏的表现形式更加丰富、模拟感更加真实、趣味性更高。本章主要介绍虚拟现实在娱乐游戏领域的应用。

虚拟现实在娱乐游戏领域的应用	7.1	行业分析
	7.2	案例分析

7.1 行业分析

2014 年，社交服务网站 facebook 以 20 亿美元收购 Oculus Rift 虚拟现实硬件厂商，预示着虚拟现实将在数码游戏领域抢占高地。目前，市面上针对游戏玩家的头显设备主要有图 7-1 所示的几类。

▲ 图 7-1 针对游戏玩家的头显设备

对于游戏玩家来说，没有人能够拒绝那种沉浸式的游戏体验，如图 7-2 所示。2016 年可以说是"虚拟现实元年"，虚拟现实在游戏领域中的应用也将迈出更大的一步，很多虚拟现实厂商的研发重心都将围绕虚拟现实游戏来进行。

▲ 图 7-2 沉浸式的游戏体验

7.1.1 三维游戏的牵引作用

虚拟现实技术经过近几年的发展，已经在多个领域有了实际的应用，这其中，要属在数据娱乐游戏领域的应用最为丰富。因为游戏行业在技术层面的要求比其他行业更高，因此三维游戏对于虚拟现实技术的发展需求起到了很好的牵引作用。

游戏技术的发展共经历了 3 个阶段，如图 7-3 所示。

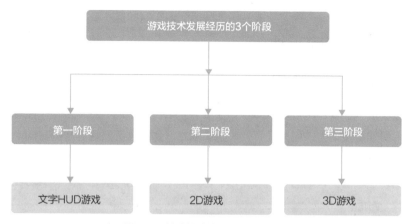

▲ 图 7-3　游戏技术发展经历的 3 个阶段

　　随着游戏技术的发展，游戏给人们的代入感越来越强，但依然无法实现完全沉浸式的体验。虚拟现实技术的出现，为商家带来了机遇，也让玩家在游戏时获得了沉浸式的体验。玩家对游戏的需求越来越大，游戏行业的竞争也越来越大，虚拟现实游戏是游戏发展的必然趋势，而三维游戏的虚拟现实技术同时也促进了虚拟现实设备的产生。

7.1.2　理想的视频游戏工具

　　虚拟现实游戏给人们的生活带来了奇妙的体验，有些企业希望通过虚拟现实技术，为用户提供一种沉浸式的体验，Oculus 就是这样一家企业。Oculus 是一家虚拟现实厂商，它虽然在 2013 年就已经崭露头角，但是直到被 facebook 收购，才真正走进了人们的视野。

　　Oculus Rift 是一款专为电子游戏设计的头戴显示设备，当玩家戴上它玩游戏的时候，就有一种身临其境的感觉。Oculus Rift 头戴显示器包括图 7-4 所示的部分。

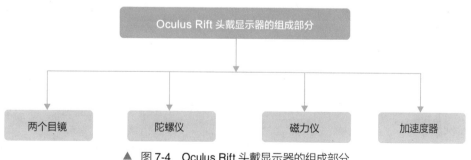

▲ 图 7-4　Oculus Rift 头戴显示器的组成部分

陀螺仪、加速度器和磁力仪等方向传感器能够实时捕捉玩家的头部活动，帮助跟踪调整画面，从而提升游戏的沉浸感。

7.1.3 虚拟现实的艺术魅力

在数字技术领域，虚拟现实技术正在推进人与机器的关系。作为一种神奇的科技成就，虚拟现实技术为人们呈现了一个从仿真之境到完全沉浸性的虚拟空间，它不仅促进了人机交互，还打破了真实和虚拟之间的界限，虚拟情境中的一切都是可操纵、可编程的，它颠覆了人类的认知和逻辑，它具备独特的艺术魅力，主要表现在图 7-5 所示的几个方面。

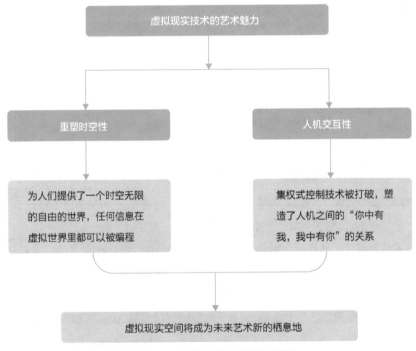

▲ 图 7-5 虚拟现实技术的艺术魅力

7.2 案例分析

虚拟现实游戏领域有很多优秀的案例，本节介绍了几个比较典型的虚拟现实游戏案例。

7.2.1 Gear VR：游戏与全景视频体验

Gear VR 是三星联合 Oculus VR 推出的虚拟现实产品。在游戏领域，市场上适用于 Gear VR 的游戏很多，例如利用触摸板进行控制的益智游戏《Esper》、三维空间设计游戏《零号协议》和多人射击游戏《Anshar Wars》等。

Gear VR 全景视频非常的震撼，例如《深海》《泰坦宇宙之旅》（如图 7-6 所示），以及 BluVR 等虚拟现实体验游戏，都能让人感受到科技的无限魅力。

▲ 图 7-6 《泰坦宇宙之旅》全景视频

7.2.2 澳航（Qantas）：提供虚拟现实机上娱乐系统

为促进旅游业的发展，澳航从 2015 年 2 月开始为机上乘客提供虚拟现实机上娱乐系统，该系统的虚拟现实头戴设备是由三星提供的，如图 7-7 所示。

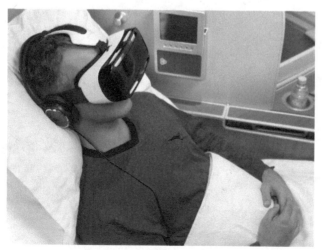

▲ 图 7-7 澳航为乘客提供虚拟现实机上娱乐系统

澳航这一方针的目的如图 7-8 所示。

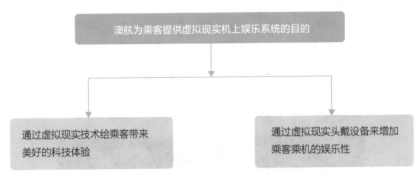

▲ 图7-8　澳航为乘客提供虚拟现实机上娱乐系统的目的

实行一定时间之后，澳航会向顾客收集反馈信息，以此来评估该虚拟现实系统并制订改进方案，以提升乘客的整体体验。

7.2.3　Oculus Rift：虚拟现实沉浸式恐怖游戏

恐怖游戏《Affected：he Manor》是一款虚拟现实恐怖游戏，人们戴上 Oculus Rif 虚拟现实头盔之后，就能够沉浸到游戏的情境中。那么，用虚拟现实头盔玩恐怖游戏是什么感受呢？

2015 年 1 月，REACT 团队邀请了数名玩家佩戴虚拟现实头盔 Oculus Rift 来玩恐怖游戏《Affected: The Manor》，当玩家戴上头盔之后，就如同进入到一个真实的恐怖世界，他们会抑制不住地惊叫，如图 7-9 所示。

▲ 图7-9　玩虚拟现实恐怖游戏时玩家的反应

7.2.4 HTC Vive：利用 Vive 功能玩虚拟现实游戏

Vive 是一款由 HTC 与 Valve 联合开发的虚拟现实头戴显示器，如图 7-10 所示。

▲ 图 7-10　虚拟现实设备 Vive

与三星 Gear VR 相比，Vive 有图 7-11 所示的特点。

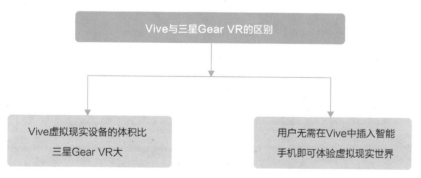

▲ 图 7-11　Vive 与三星 Gear VR 的区别

Vive 主要是为游戏设计的，玩家可以在一个房间大小的面积内体验虚拟世界，图 7-12 为玩家通过 Vive 在玩游戏，Vive 的主要特点如图 7-13 所示。

▲ 图 7-12　玩家通过 Vive 在玩游戏

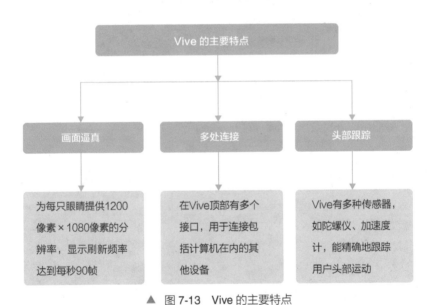

▲ 图 7-13　Vive 的主要特点

7.2.5　Trimersion：360° 头部跟踪的跨平台产品

Trimersion 是美国移动消费电子产品微型显示器生产商 Kopin 推出的虚拟现实设备，如图 7-14 所示。

▲ 图 7-14　虚拟现实设备 Trimersion

　　这款虚拟现实设备是一款针对游戏提供 360° 头部跟踪的跨平台产品，其主要特点如图 7-15 所示。

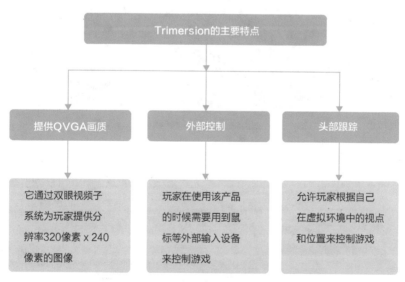

▲ 图 7-15　Trimersion 的主要特点

Trimersion 可以和图 7-16 所示的设备配合使用。

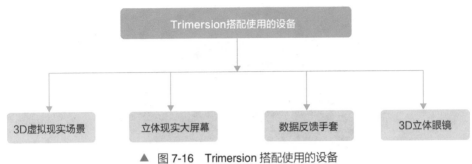

▲ 图 7-16 Trimersion 搭配使用的设备

7.2.6 3Glasses：中国创造原生 VR 力量

3Glasses 是中国较早探索 VR 领域的公司，其发布的产品为沉浸式虚拟现实头盔，图 7-17 为 3Glasses D1 开发者版。

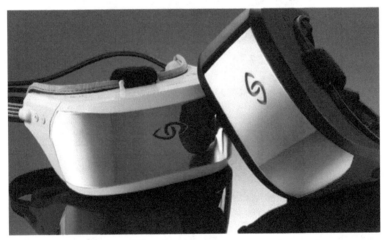

▲ 图 7-17 虚拟现实头盔 3Glasses D1 开发者版

在 VR 领域，3Glasses 已经有十几年的积累，其主要的产品历程如图 7-18 所示。

▲ 图 7-18 3Glasses 的产品历程

3Glasses 可以被应用在多款游戏中，诸如来自 Epic Games 的《Showdown VR》。2016 年的 CES 展上，3Glasses 推出了两款蓝珀（Blubur）系列的新品，分别叫 Blubur S1 和 Blubur W1，图 7-19 为 Blubur S1 的体验版外观，图 7-20 所示为 Blubur W1 体验版外观。

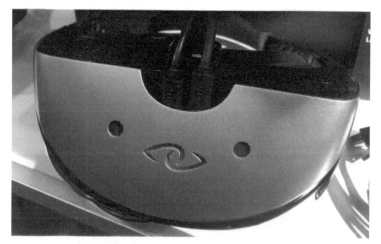

▲ 图 7-19　Blubur S1 体验版外观

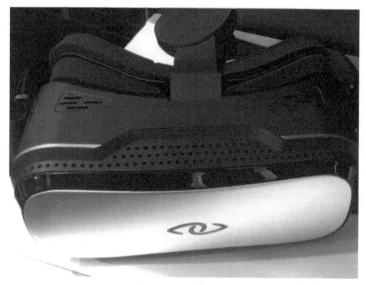

▲ 图 7-20　Blubur W1 体验版外观

Blubur S1 和 Blubur W1 的主要特性如下所示。

- 重量较轻。

- 镜头覆盖范围达到 110°。
- Blubur S1 刷新延迟小于 10 毫秒，最高的屏幕刷新率可以达到 95Hz。
- Blubur W1 采用定制双屏，分辨率为 2560 像素 x1440 像素，同时机身内置 Intel 四核处理器。

7.2.7 福斯汽车 Scirocco Cup 增强现实挑战赛

福斯汽车与北京奥美合作举办了一场增强现实挑战赛，比赛的流程和比赛方式如图 7-21 所示。

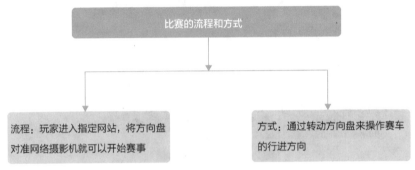

▲ 图 7-21 比赛的流程和方式

为了增强真实性，赛事采用了真实的专业赛道作为游戏赛道，让玩家体验一场逼真的赛车游戏。

7.2.8 意大利健达在线 AR 赛车游戏

意大利健达通过 D'Fusion 增强现实技术推出了一款 AR 赛车游戏，该赛车游戏的主要特点如图 7-22 所示。

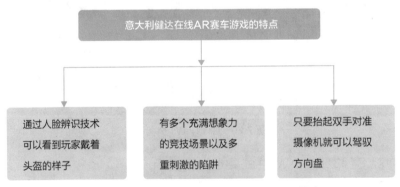

▲ 图 7-22 意大利健达在线 AR 赛车游戏的特点

7.2.9 Oculus Platform：打造虚拟现实的生态系统

为打造虚拟现实生态系统，Oculus 推出"Oculus Platform"平台，该平台的主要功能和特点如图 7-23 所示。

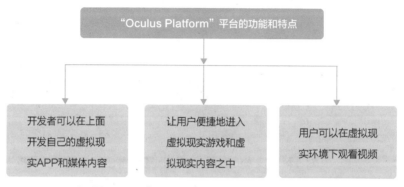

▲ 图 7-23 "Oculus Platform"平台的功能和特点

第 8 章

虚拟现实
在军事航天领域的应用

随着科学技术的发展,虚拟现实技术已经渗透进了军事生活的各个方面,并开始在军事航天领域中发挥着越来越大的作用。本章主要介绍虚拟现实在军事航天领域的应用。

学前提示

虚拟现实在军事航天领域的应用		
	8.1	行业分析
	8.2	案例分析

8.1 行业分析

早在 1993 年，Helsel 与 Doherty 就对全世界范围的 800 多项 VR 研究项目做了统计，结果如图 8-1 所示。

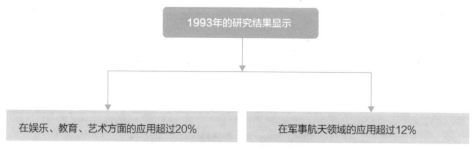

▲ 图 8-1 1993 年的研究结果

美国自 20 世纪 80 年代起就一直致力于虚拟战场系统的研究，同时利用 VR 技术来模拟零重力环境，帮助宇航员进行水下训练。

虚拟现实技术在军事航天领域有着广泛的应用，目前，虚拟现实模拟训练已经成为军事航天领域的一个重要课题。

8.1.1 军事模拟

虚拟现实技术运用在军事领域主要是利用计算机生成一种模拟环境，然后让训练者通过虚拟现实设备沉浸到该环境中，实现自然的人机交互。目前虚拟现实技术在军事领域的应用主要包括图 8-2 所示的几个方面。

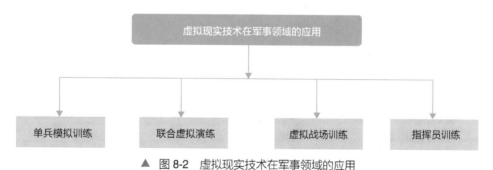

▲ 图 8-2 虚拟现实技术在军事领域的应用

1. 单兵模拟训练

单兵模拟训练是指受训者通过图 8-3 所示的虚拟现实设备在不同的作战背景下，进行相应的战术动作，从而体验不同的作战效果的训练模式，这种训练模式的目的如

图 8-4 所示。

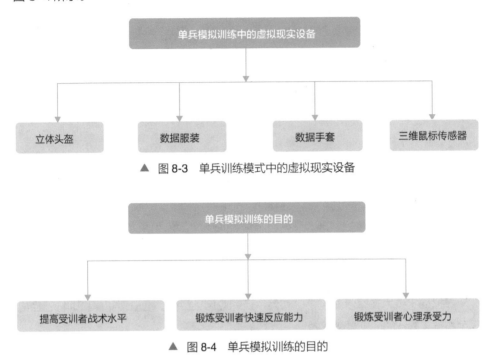

▲ 图 8-3　单兵训练模式中的虚拟现实设备

▲ 图 8-4　单兵模拟训练的目的

2. 联合虚拟演练

联合虚拟演练是指由几个军种在同一个虚拟战场进行逼真的对抗演练的过程，其特点如图 8-5 所示。

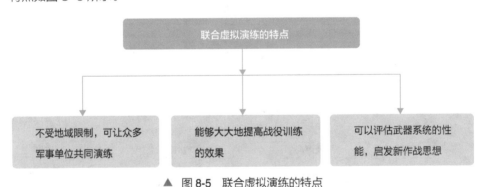

▲ 图 8-5　联合虚拟演练的特点

3. 虚拟战场训练

虚拟战场训练是指通过虚拟现实技术和必要的虚拟现实设备，让受训者与虚拟环境交互影响，从而体验真实的战场环境，虚拟战场训练的主要目的是让受训者熟悉战场环境特征。

4. 指挥员训练

在指挥员训练方面，美国海军开发出了一套虚拟现实模拟系统——"虚拟舰艇作战指挥中心"，来逼真地展现舰艇作战指挥中心的环境，让指挥员沉浸在其中，进行训练。指挥员虚拟现实训练系统的主要流程如图 8-6 所示。

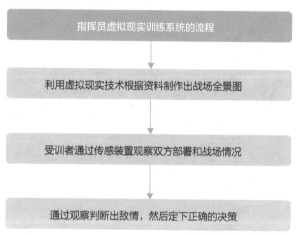

▲ 图 8-6 指挥员虚拟现实训练系统的流程

8.1.2 航天航海

航天航海领域属于尖端科技领域，为了适应航天航海领域对于安全性和可靠性的要求、提升设计效率、降低企业的运营风险，很多企业将虚拟现实技术融入航天航海领域中，在诸多方面借由仿真模拟的方式来缩短生产周期，这些方面包括图 8-7 所示的部分。

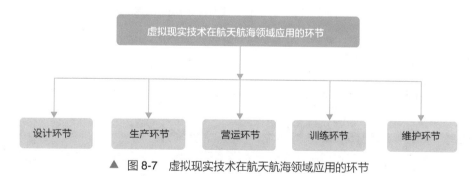

▲ 图 8-7 虚拟现实技术在航天航海领域应用的环节

在航天领域，SouVR 企业开发出了多种与虚拟现实相关的系统，包括图 8-8 所示的部分。

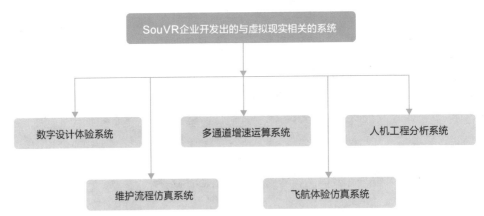

▲ 图 8-8 SouVR 企业开发出的与虚拟现实相关的系统

将虚拟现实应用在航海领域，需要注意图 8-9 所示的几点原则。

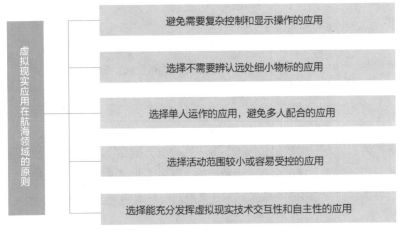

▲ 图 8-9 虚拟现实技术应用在航海领域的原则

8.2 案例分析

在虚拟现实军事航天领域，有很多优秀的案例，本节介绍几个比较典型的案例。

8.2.1 HoloLens：增强现实技术和兵器装备相融合

Microsoft HoloLens 全息眼镜，是由 Microsoft 公司于 2015 年 1 月 22 日凌晨发布的一款虚拟现实设备，如图 8-10 所示。

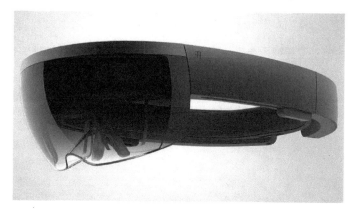

▲ 图 8-10　Microsoft HoloLens 全息眼镜

　　HoloLens 全息眼镜使用的是增强现实技术，它被广泛地应用在游戏领域，通过索尼梦神头盔以及脑电波头带等设备的配合，为玩家带来虚拟现实游戏体验，然而，游戏并不是该技术应用的唯一领域。

　　增强现实技术还被应用在军事领域，据悉，美军为其战斗机配备了多功能的头盔，该头盔的主要功能如图 8-11 所示。

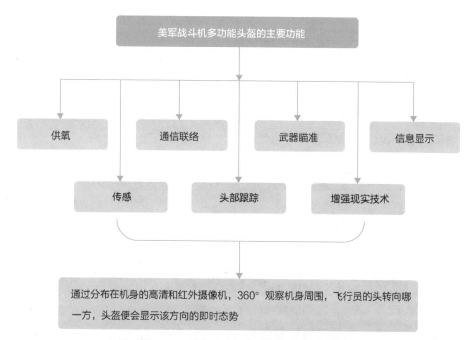

▲ 图 8-11　美军战斗机多功能头盔的主要功能

131

8.2.2 数字沙盘：三维仿真电子沙盘系统

联合众成电子工程技术有限公司自主研发了一款基于 GIS（地理信息）的三维电子沙盘系统，该系统融合了图 8-12 所示的多项领先技术，广泛应用于军事演练、反恐演练、军事模拟训练、军事物资保障等领域。

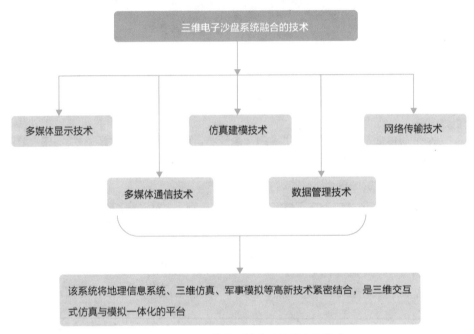

▲ 图 8-12　三维电子沙盘系统融合的技术

虚拟三维电子沙盘系统的基本功能如图 8-13 所示。

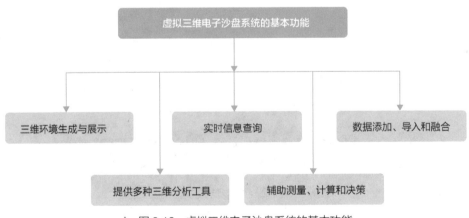

▲ 图 8-13　虚拟三维电子沙盘系统的基本功能

虚拟三维电子沙盘系统在军事领域得到了越来越广泛的应用，将虚拟三维电子沙盘系统应用在军事领域的主要作用如图 8-14 所示。

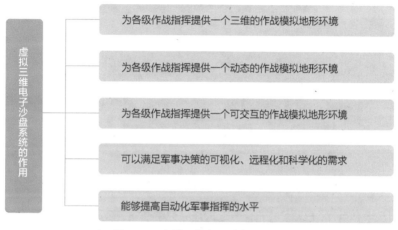

▲ 图 8-14　虚拟三维电子沙盘系统的作用

8.2.3　虚拟现实技术应用在减轻战士负荷上

过去虚拟现实技术常常被应用在军事演练、士兵训练或者杀伤力武器的研究上，如今，研究人员想将虚拟现实技术应用在减轻战士的负荷上。

在这个方面，海军研究办公室（The Office of Naval Research，ONR）向海军陆战队提供了一个三维模拟程序，名叫"ETOWL"，有关 ETOWL 的介绍如图 8-15 所示。

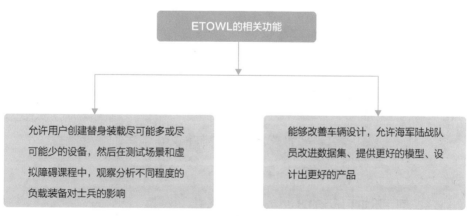

▲ 图 8-15　ETOWL 的相关功能

ONR 共有 4 个重要的使命，如图 8-16 所示，ETOWL 不仅是 ONR 使命的重要部分，还与之完全吻合，它帮助人们更好地了解人类身体机能。

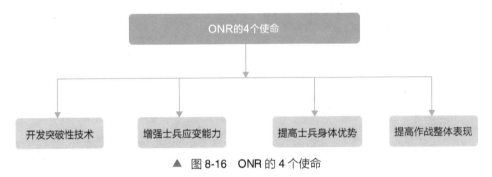

▲ 图 8-16　ONR 的 4 个使命

8.2.4　第 5 代战机空战作战虚拟现实系统

2015 年 8 月 19 日，"立方体"公司与洛克希德马丁公司签署了一系列生产和加强 F-35 的空战作战训练系统的合同。据悉，该空战作战训练系统的子系统中包含了"P5 作战训练系统"，该空战作战训练系统的主要性能如图 8-17 所示。

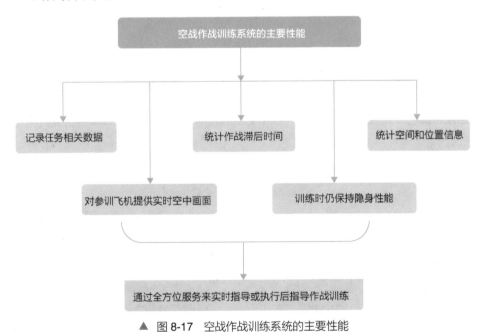

▲ 图 8-17　空战作战训练系统的主要性能

该系统可用于如下所示的 3 种作战任务训练中。

- 空对空作战训练。
- 空对地作战训练。

● 地对空作战训练。

在利用第五代战机 F-35 进行作战训练前，飞行员主要是在虚拟现实技术模拟出的全球各地的场景中进行飞行训练。除此之外，F-35 还配备了各类传感器，为飞行员提供 360°环境感知能力，帮助飞行员快速地获取目标、危险和攻击信息。

8.2.5 达索系统：虚拟现实技术设计座舱

达索系统公司利用虚拟现实技术为乘客提供了一个航空航天与国防行业"乘客体验"的全新解决方案，如图 8-18 所示。

▲ 图 8-18 航空航天与国防行业"乘客体验"全新解决方案

该解决方案采用了 3D 可视化技术，目的在于让用户制定个性化的座舱，2015 年，该解决方案已在巴黎国际航展上进行了展示，该解决方案的获利方主要有 4 个，如图 8-19 所示。

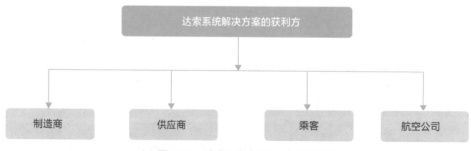

▲ 图 8-19 达索系统解决方案的获利方

该解决方案通过交互内容和 3D 可视化技术将工程数据转变为虚拟设计、标识以及应用，不仅使座舱完成过程自动化，还能保持和提升客户的忠诚度，"乘客体验"

解决方案的主要特点和作用如图 8-20 所示。

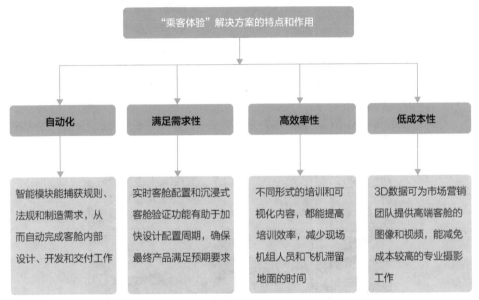

▲ 图 8-20 "乘客体验"解决方案的特点和作用

第9章

虚拟现实
在城市规划领域的应用

学前提示

随着信息技术、虚拟现实技术的进步和发展，"虚拟城市""三维规划"在城市规划领域渐渐出现，这无疑给人们提供了一种全新的城市规划建设与管理的理念和手段。本章主要介绍虚拟现实在城市规划领域的应用。

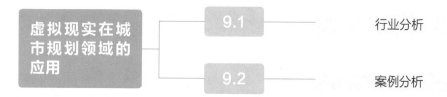

虚拟现实在城市规划领域的应用	9.1	行业分析
	9.2	案例分析

9.1　行业分析

在"数字城市""虚拟城市""三维规划"应用中，最关键的技术之一就是虚拟现实技术。城市虚拟现实是指将虚拟现实技术应用在城市规划、建筑设计等领域中，城市虚拟现实具备图 9-1 所示的几个特点。

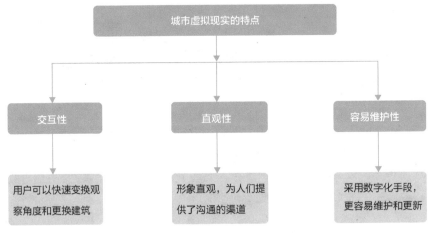

▲ 图 9-1　城市虚拟现实的特点

城市虚拟现实系统的生成原理如图 9-2 所示。

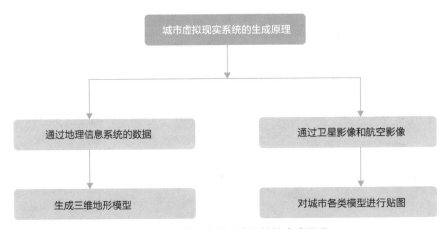

▲ 图 9-2　城市虚拟现实系统的生成原理

城市规划管理的基础性工作之一是规划方案的设计，目前常用的规划建筑设计表现方法及各方法的缺陷如图 9-3 所示。

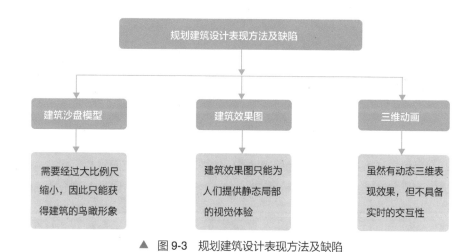

▲ 图 9-3 规划建筑设计表现方法及缺陷

城市虚拟现实系统能够弥补传统规划建筑设计表现方式的不足，它通过一个虚拟环境，为人们提供全方位的、身临其境的动态交互内容，如图 9-4 所示。

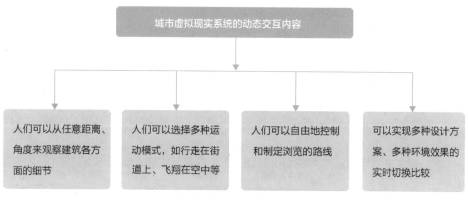

▲ 图 9-4 城市虚拟现实系统的动态交互内容

城市虚拟现实在规划和建设方面的应用如下。

- 规划设计方案修改。
- 规划方案之间的比较。
- 楼宇可视化分析。
- 分析楼宇视野。
- 分析楼宇日照。
- 真实建筑空间感。

城市虚拟现实在地理信息系统方面的应用如下。

- 空间量距。

- 面积测量。
- 城市三维系统联动。
- 规划建筑属性查询。
- 查询与统计规划信息数据库。

9.1.1 数字城市

什么是数字城市？数字城市就是将城市中的各项复杂的系统通过数字网络、虚拟仿真、可视化等技术进行资源整合，构建出综合的信息平台。数字城市包含的项目如图 9-5 所示。

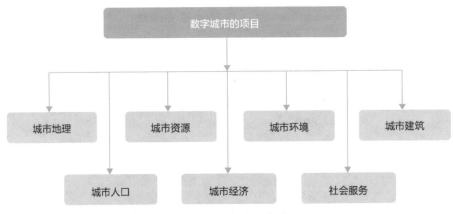

▲ 图 9-5 数字城市包含的项目

虚拟现实技术可以被应用在城市规划的各个方面，并带来图 9-6 所示的好处。

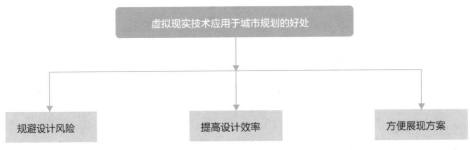

▲ 图 9-6 虚拟现实技术应用在城市规划的好处

1. 规避设计风险

在城市规划领域，通过虚拟现实技术搭建的虚拟环境是严格按照工程的标准和要求建立的，因此用户在虚拟情境中，通过人机交互能够发现不易被察觉的设计缺陷，提高项目的评估质量。

2. 提高设计效率

可以通过修改虚拟现实系统中的参数来改变建筑中的各个项目的设计，这样做的好处有图 9-7 所示的几点。

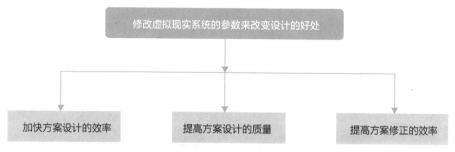

▲ 图 9-7 修改虚拟现实系统的参数来改变设计的好处

3. 方便展现方案

虚拟现实能给用户带来逼真的感官冲击，同时，用户通过虚拟现实数据接口能够在虚拟情境中获得项目数据资料，有利于各种规划设计方案的展现和评审。

9.1.2 地理地图

传统的地图具备 3 个明显的特征，如图 9-8 所示。

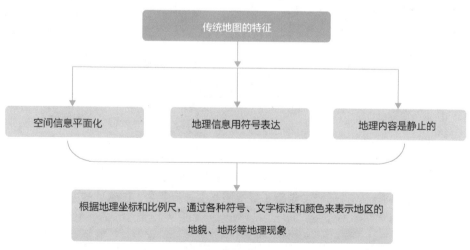

▲ 图 9-8 传统地图的 3 大特征

随着计算机技术和虚拟现实技术的发展，虚拟现实地图诞生了。虚拟现实地图能够建立一个三维虚拟情境，让人们沉浸在该情境中，同时还能通过人机交互工具模拟人的自然空间方位的认知。通过虚拟现实地图，人们可以实现图 9-9 所示的功能。

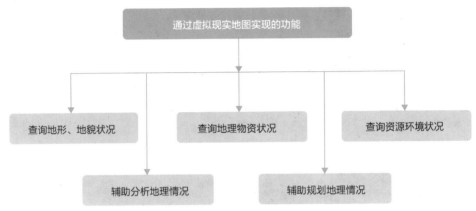

▲ 图 9-9　通过虚拟现实地图实现的功能

虚拟现实地图具有很重要的现实意义，如图 9-10 所示。

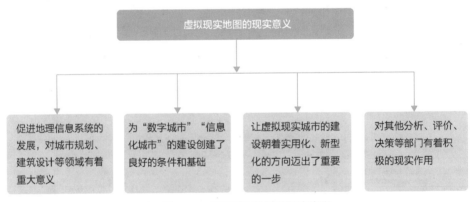

▲ 图 9-10　虚拟现实地图的现实意义

9.1.3　道路桥梁

在道路桥梁建设方面，虚拟现实技术也发挥了作用，由典尚设计有限公司自主开发的虚拟现实平台软件已经被应用于桥梁道路设计行业中，该软件的主要特点如图 9-11 所示。

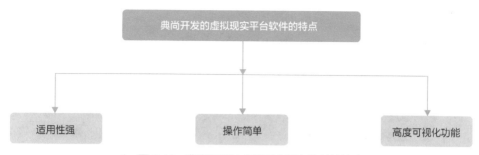

▲ 图 9-11　典尚开发的虚拟现实平台软件的特点

在道路桥梁领域，通过各类数据信息的植入和多种媒体信息的辅助，再加上虚拟现实技术的交互作用，可实现多种便捷的功能，如图 9-12 所示。图 9-13 所示为三维道路桥梁展示。

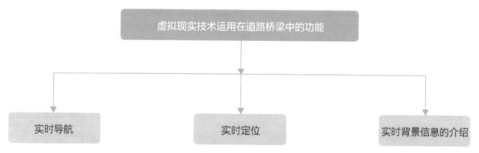

▲ 图 9-12　虚拟现实技术运用在道路桥梁中的功能

▲ 图 9-13　三维道路桥梁展示

9.1.4　轨道交通

虚拟现实技术在轨道交通领域的运用，就是模拟出从交通工具的设计到运行维护的各个阶段的虚拟环境，让人们通过这些虚拟环境拓展对轨道交通的认知和了解。虚拟现实轨道交通主要包括图 9-14 所示的 3 个部分。

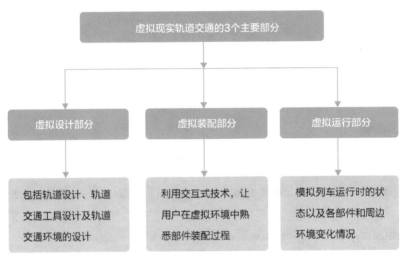

▲ 图 9-14　虚拟现实轨道交通的 3 个主要部分

9.2　案例分析

在虚拟现实城市规划领域，有很多优秀的案例，本节介绍几个比较典型的案例。

9.2.1　火凤凰数字城市仿真系统

通过火凤凰数字城市仿真系统，用户能够在十分逼真的虚拟场景中，对将来要修建的城区进行沉浸式的审视。

用户在虚拟情境中审视时，除了必须安装的软件外，还需要凭借一定的硬件设备，如图 9-15 所示。

火凤凰数字城市仿真体系主要由以下 5 大部分组成。

- 虚拟外设设备。
- 大屏幕投影显现体系。
- 虚拟现实仿真体系软件。
- 虚拟仿真音响及操控体系。
- 仿真主机和辅佐核算设备。

火凤凰系统的组成如图 9-16 所示。

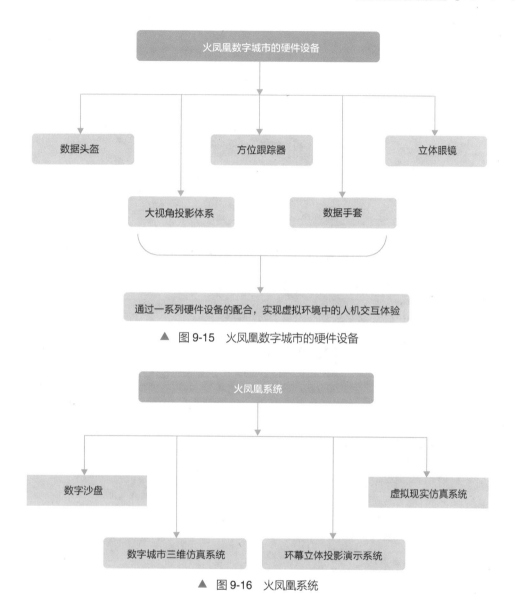

▲ 图 9-15 火凤凰数字城市的硬件设备

▲ 图 9-16 火凤凰系统

　　火凤凰数字城市仿真体系的核心思想是作用于城市的修建、策划和设计，尤其是带有古城风情的城区及具备人文环境的城区的场景再现，让人们在虚拟场景中以不同的视角欣赏城区建设，就如同旅游散心一般。

9.2.2 数字城市沙盘系统

　　数字城市沙盘又叫多媒体城市沙盘，其表现形式如图 9-17 所示。

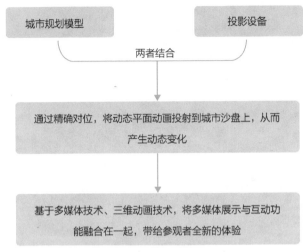

▲ 图 9-17　数字城市沙盘的表现形式

数字城市沙盘包含多个系统，如图 9-18 所示。

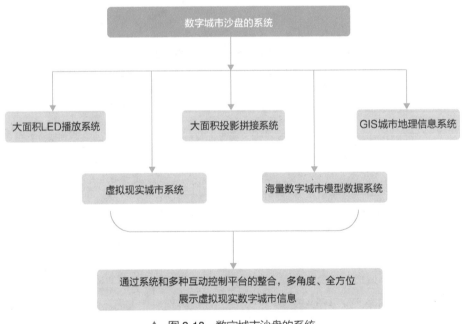

▲ 图 9-18　数字城市沙盘的系统

第 10 章

虚拟现实
在旅游行业的应用

　　虚拟现实技术已经被应用在旅游行业中，在不久的将来，针对旅游市场的虚拟现实技术应用，或将成为旅游业发展真正的突破口，本章主要介绍虚拟现实在旅游行业的应用。

学前提示

虚拟现实在旅游行业的应用	10.1	行业分析
	10.2	案例分析

10.1　行业分析

根据 2015 年国家旅游局的一份数据，2015 年上半年国内旅游情况如图 10-1 所示。

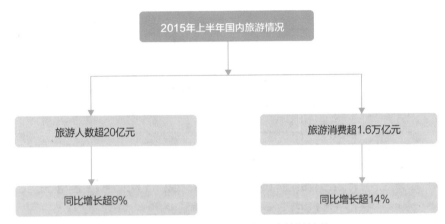

▲　图 10-1　2015 年上半年国内旅游情况

从这份数据调查中可以看出，我国旅游业的发展势头强劲，然而，传统旅游业的不足也依然存在，主要包括图 10-2 所示的几方面。

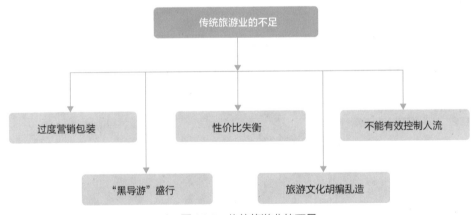

▲　图 10-2　传统旅游业的不足

面对这样的旅游现状，很多商家看到了另一个商机——虚拟旅游。什么是虚拟旅游？虚拟旅游就是通过虚拟现实技术，构建一个基于现实旅游景观的虚拟旅游情境，用户只要通过虚拟现实设备就能在虚拟情境中观赏各处的美景。

简单地说，虚拟旅游就是让用户足不出户就能欣赏到世界美景的一种技术，图 10-3 为南京中山陵的虚拟场景。

▲ 图 10-3　南京中山陵的虚拟场景

　　随着社会的发展，人们的生活节奏越来越快，生活压力和工作压力也越来越大，旅游便成了人们休闲娱乐、放松心情的方式之一。但是对于大多数人来说，时间和精力成为出门旅游的最大难题，虽然有国家法定节假日，但是与其出去面对寸步难移、人山人海的场景，还不如"宅"在家享受自己的休闲时光。

　　而虚拟旅游能够解决这一系列问题，虽然我国的虚拟旅游业发展时间并不长，但是它独特的优势已成为商家的必争之地，虚拟旅游的优势主要包括图 10-4 所示的几点。

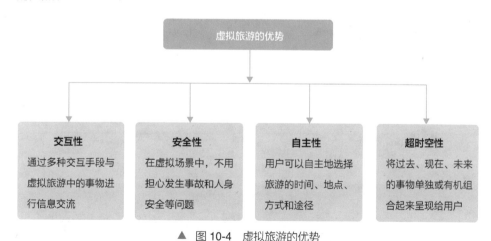

▲ 图 10-4　虚拟旅游的优势

10.1.1　虚拟导游训练系统

随着旅游业的大力发展，导游的重要性也越来越突显，传统线下的导游培训往往存在图 10-5 所示的问题。

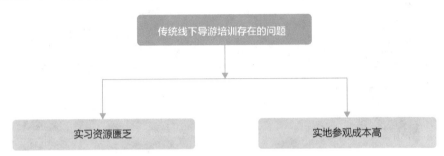

▲ 图 10-5　传统线下导游培训存在的问题

基于这些问题，如何优化导游的教学过程、提高教学的质量，就成为导游培训行业必须解决的难题之一。

虚拟导游训练系统能够很好地帮助导游行业进行人才的培训和指导，有关虚拟导游训练系统的介绍如图 10-6 所示。

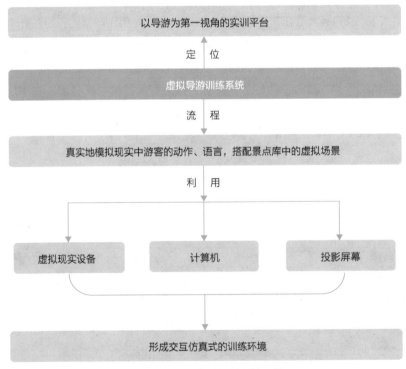

▲ 图 10-6　虚拟导游训练系统

通过虚拟导游训练系统，用户可以进入完全沉浸式的学习，首先模拟出真实的旅游路线，然后根据模拟情境进行导游实践演练，这样不仅能够提高学习的效率，还能够增强学习的娱乐性。

10.1.2 古文物建筑复原系统

通过虚拟现实技术和网络技术，可以将古代文物及建筑的展示、保护提高到一个新高度，主要体现在图 10-7 所示的几方面。

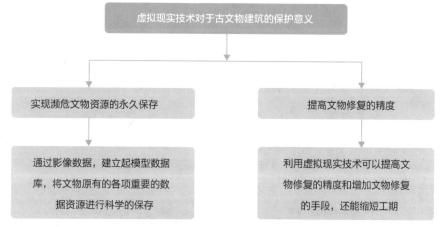

▲ 图 10-7 虚拟现实技术对于古文物建筑的保护意义

同时，虚拟现实技术能够帮助人们远程欣赏那些具有极高研究价值的古文物和建筑，推进文物遗产行业更快地进入信息化时代。

目前，虚拟现实技术能够在文物古迹虚拟仿真方面提供的服务如图 10-8 所示。

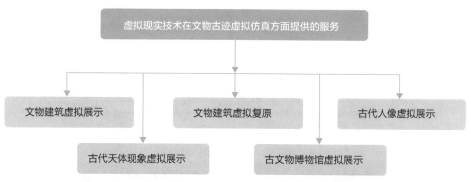

▲ 图 10-8 虚拟现实技术在文物古迹虚拟仿真方面提供的服务

10.1.3 景区虚拟全景规划

将虚拟现实引入到景区全景规划这一想法起源于虚拟现实在建筑领域的应用，如图 10-9 和图 10-10 所示。

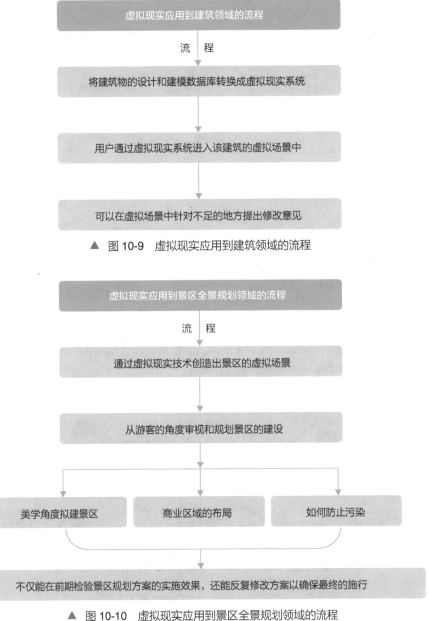

▲ 图 10-9 虚拟现实应用到建筑领域的流程

▲ 图 10-10 虚拟现实应用到景区全景规划领域的流程

10.2 案例分析

在虚拟现实旅游领域有很多优秀的案例，本节介绍几个比较典型的案例。

10.2.1 BC 省旅游局开启虚拟现实体验

《狂野自然，尽在我心》是由加拿大不列颠哥伦比亚省旅游局（以下简称 BC 省旅游局）发布的一项虚拟现实体验计划，该计划主要是以头戴式显示器为载体，以 BC 省的风景为虚拟 3D 视频的内容，让游客通过头戴显示设备，身临其境般领略 BC 省的无限风光，图 10-11 为游客正在体验的场景。

▲ 图 10-11 游客正在体验《狂野自然，尽在我心》虚拟现实视频

BC 省旅游局首席执行官 Marsha Walden 女士认为，虚拟现实技术非常适合旅游业的发展，它能够让用户以全新的方式沉浸在 BC 省的风光中。

10.2.2 万豪国际"绝妙的旅行"异次元体验

"绝妙的旅行"（Travel Brilliantly）是由万豪国际推出的一项虚拟现实主题活动，万豪国际通过 Relevent 公司制造的内置 Oculus Rift 虚拟现实头盔的"传送点"，给用户带来一场"绝妙的旅行"。

当用户戴上 Oculus Rift 虚拟现实头盔之后，就可以瞬间移动到伦敦或者是夏威夷，360°无死角地赏四周的美景，包括头上、脚下也都是影像，真正实现了身临其境。

10.2.3　Thomas Cook 进军虚拟现实旅游领域

Thomas Cook 集团从 2014 年开始尝试进入虚拟现实旅游领域，目前，Thomas Cook 提供虚拟现实体验服务的分店有 10 个，用户只要带上虚拟现实头盔，就能购买想要的体验，然后在虚拟场景中欣赏自己想看的风景。

据统计，Thomas Cook 纽约门店的项目营收因为虚拟现实体验服务而增加了 190％。目前，Thomas Cook 集团和 Visualise 公司合作，计划推出"旅游录像"。

"旅游录像"是一个通过相机进行 360°全角度录制的视频，图 10-12 为虚拟现实短片中，直升机上看到的曼哈顿夜景。

▲　图 10-12　短片中曼哈顿的夜景

10.2.4　赞那度在 VR APP 领域争先前进

2015 年 12 月 15 日，高端旅行预订网站及时尚生活网络媒体赞那度推出了中国第一个旅行 VR APP 产品，在赞那度推出虚拟现实产品之前，国内市场还没有太多优质的 VR 内容，因此，赞那度此次推出这款虚拟现实产品的意义主要有以下 3 点。

- 让没有机会出去旅游的人欣赏到世界各地不同的美景。
- 让即将出门旅游的人提前了解目的地。

- 创造出更多、更优质的虚拟现实内容。

赞那度表示，未来沉浸式的虚拟现实旅游体验会涵盖图 10-13 所示的内容。

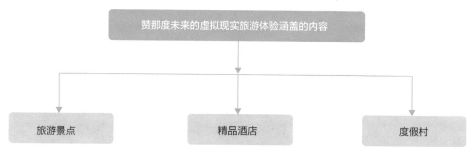

▲ 图 10-13　赞那度未来的虚拟现实旅游体验涵盖的内容

目前，赞那度已经在北京进行了拍摄，图 10-14 为其虚拟现实短片中的北京长城的场景。除了北京之外，未来还会涵盖马尔代夫、巴黎、新西兰等热门旅游目的地。

▲ 图 10-14　虚拟现实短片中的北京长城的场景

10.2.5　Immersive 利用虚拟现实体验登月

很多人都有一个登月梦，然而能够登上载人飞船飞上月球的人却是凤毛麟角。为了弥补这种缺憾，Immersive Education 制作了"阿波罗 11 号"的虚拟现实内容，用户只需要使用虚拟现实设备，就能实现"登月梦"。

"阿波罗 11 号"虚拟现实内容支持多个平台，如图 10-15 所示。

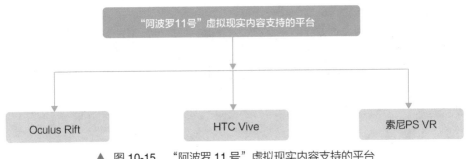

▲ 图 10-15　"阿波罗 11 号"虚拟现实内容支持的平台

10.2.6　大英博物馆让游客探索 3D 青铜时代遗址

虚拟现实已经被应用在博物馆体验中，2015 年，大英博物馆联手三星在 Virtual Reality Weekend 中为 13 岁以上的游客提供虚拟现实设备，让游客探索 3D 的青铜时代遗址。

此次 VR 展览以青铜时代的一个居住区的圆屋为原型，游客通过佩戴 Gear VR 设备可以体验到由 Soluis Heritage 设计的虚拟现实穹顶。

除了可通过佩戴 Gear VR 设备获得虚拟现实体验之外，还可以通过图 10-16 所示的 2 种方式来获得。

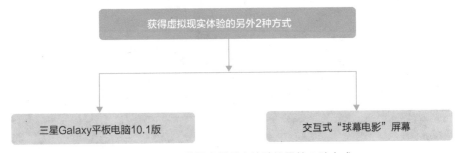

▲ 图 10-16　获得虚拟现实体验的另外 2 种方式

10.2.7　典尚设计利用虚拟现实复原古代建筑和文物

随着现代社会的发展，很多古文明时期的建筑正面临被遗忘、破坏甚至是渐渐消失的命运，不仅是古代建筑，其他的文物也同样在经历这样的过程，为了不让古文化渐渐流失在历史长河中，对古代文物和遗址进行虚拟的仿真还原是挽救方式之一，可以让这些即将消失的文明继续传承给我们的后代。

因为文物有多种修缮的方法，因此选择一个最佳的修缮保护方案是非常重要的。

典尚设计在文物的复原方面有自己的一套方案，如图 10-17 所示。

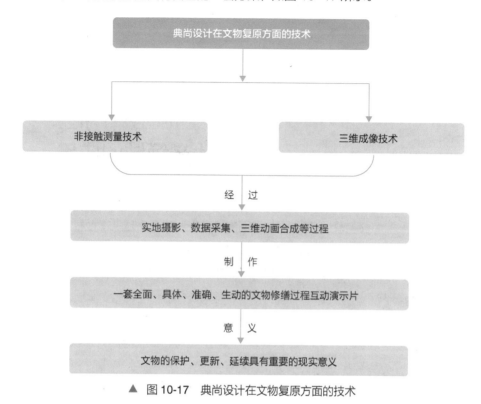

▲ 图 10-17　典尚设计在文物复原方面的技术

第11章

虚拟现实
在房地产领域的应用

学前提示

随着社会的发展，我国房地产行业的竞争越来越激烈，如何在众多项目中脱颖而出，让客户主动参与其中，成为房地产营销的关键，而这正是虚拟现实技术在房地产行业应用的最明显的优势。本章主要介绍虚拟现实在房地产领域的应用。

虚拟现实在
房地产领域
的应用

- 11.1   行业分析
- 11.2   案例分析

11.1 行业分析

虚拟现实房地产通常以虚拟数字沙盘和楼盘漫游的形式出现在住房交易展览会或销售展厅上，在房地产领域，虚拟现实技术能够发挥图 11-1 所示的作用。

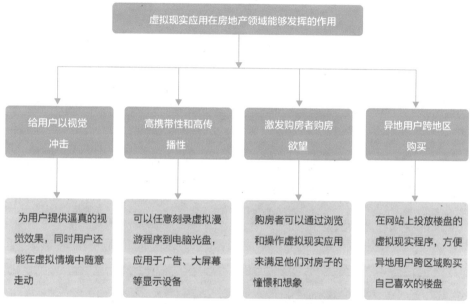

▲ 图 11-1 虚拟现实应用在房地产领域能够发挥的作用

将虚拟现实技术应用到房地产领域这一举措一直被看好，原因在于通过虚拟现实三维交互系统，能够将精致的模型细节和优异的画面效果带给用户，图 11-2 为虚拟房间场景。

▲ 图 11-2 虚拟房间场景

11.1.1　房地产开发

将虚拟现实技术应用在房地产开发领域，能够带来图 11-3 所示的优势。

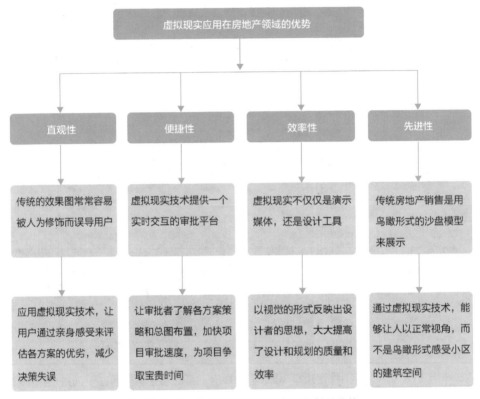

虚拟现实应用在房地产领域的优势

直观性	便捷性	效率性	先进性
传统的效果图常常容易被人为修饰而误导用户	虚拟现实技术提供一个实时交互的审批平台	虚拟现实不仅仅是演示媒体，还是设计工具	传统房地产销售是用鸟瞰形式的沙盘模型来展示
应用虚拟现实技术，让用户通过亲身感受来评估各方案的优劣，减少决策失误	让审批者了解各方案策略和总图布置，加快项目审批速度，为项目争取宝贵时间	以视觉的形式反映出设计者的思想，大大提高了设计和规划的质量和效率	通过虚拟现实技术，能够让人以正常视角，而不是鸟瞰形式感受小区的建筑空间

▲ 图 11-3　虚拟现实应用在房地产领域的优势

11.1.2　地产漫游

地产漫游是指利用虚拟现实、三维仿真技术将现实中的地产进行虚拟情境化，然后让人们在这个虚拟情境中，用动态交互的方式对建筑或房屋进行身临其境的全方位的审视。地产漫游包括以下 3 个主要特点。

- 人机交互性。
- 真实建筑空间感。
- 大面积三维地形仿真。

在地产漫游中，人们可以自由控制浏览路线，还能自由选择运动模式，例如：行走、驾驶、骑自行车、飞翔等，图 11-4 为骑自行车漫游模式。

▲ 图 11-4　自行车漫游模式

　　地产漫游是一种全新的地产营销方式，在漫游过程中，虚拟现实和三维仿真技术能够给用户带来强烈的、逼真的感官冲击，使用户获得身临其境的体验。

　　据调查显示，通过虚拟现实技术以地产漫游形式展示的房产，比没有用该形式展示的房产，购房效果和访问率都要有所增加。在与政府沟通和广告层面，地产漫游具备图 11-5 所示的优势。

▲ 图 11-5　地产漫游的优势

　　地产漫游的用途非常广，具体如下。

- 网上产品推广。
- 房产档案保存。
- 公司品牌推广。
- 公司网站展示。
- 售楼现场展示。
- 房地产项目展示。
- 项目报批、建设。
- 招商、招租等各类商业项目。

11.1.3　虚拟售房

在虚拟售房领域，通过展示图 11-6 所示的内容可以更好地满足用户多样化的需求。

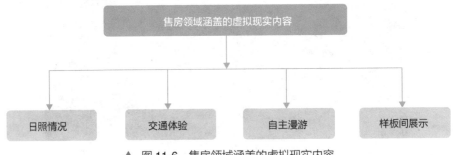

▲ 图 11-6　售房领域涵盖的虚拟现实内容

在传统的购房体验中，买房无疑是一件非常劳累的事，人们需要耗时耗力地找房、看房，将虚拟现实技术应用在售房领域，购房者足不出户便可以对房屋建筑有一个很好的空间判断，判断的内容包括图 11-7 所示的内容。

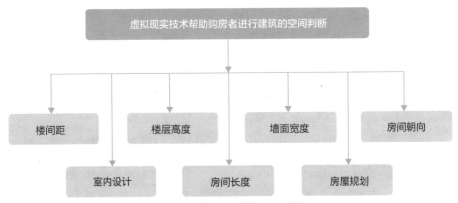

▲ 图 11-7　虚拟现实技术帮助购房者进行建筑的空间判断

对于房地产商来说，传统的样板间往往存在着图 11-8 所示的缺点。

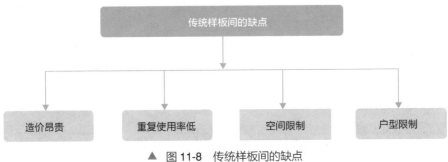

▲ 图 11-8　传统样板间的缺点

这些问题通过虚拟样板间就能够解决，在售房活动中，除了可以通过虚拟样板间进行房屋销售之外，还可以在网上进行虚拟现实看房。对于购房者来说，通过虚拟样板间观察房间构造，还可以进行一系列的自主设计，譬如替换家具的款式、材质、颜色等，以提高用户的体验度。

11.1.4 室内设计

对于房屋设计者来说，在设计房屋的时候，可以运用虚拟现实技术按照自己的构思去装饰构建虚拟房间，将自己放置在房间的不同位置去观察设计的效果，这样做的好处如图 11-9 所示。

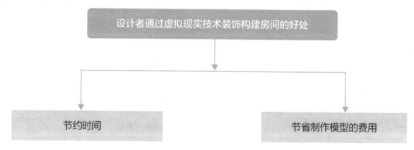

▲ 图 11-9 设计者通过虚拟现实技术装饰构建房间的好处

房产商可以根据购房者的喜好设计室内虚拟样板间，直到购房者满意为止。

11.1.5 场馆仿真

场馆仿真是指通过虚拟现实技术在计算机上将现实的场馆虚拟出来，形成一个仿真三维环境，场馆仿真的意义如图 11-10 所示。

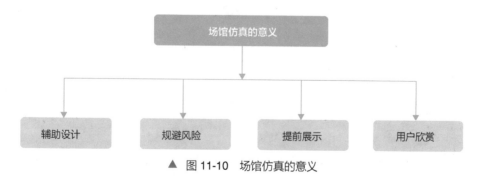

▲ 图 11-10 场馆仿真的意义

现实生活中，场馆建设最重要的就是前期的规划，因为场馆一旦建成，就不可能再进行较大的更改了，而通过虚拟现实技术构建虚拟场馆，不仅能够让场馆设计师在虚拟场景中发现并讨论设计方面的不足，也能够让人们在虚拟场馆中漫游，并根据自身的感受提出意见。

　　场馆仿真技术常常被运用在一些重要的建筑设计上，例如第 29 届奥运会的主比赛场馆鸟巢、水立方等在真正施工之前都进行了场馆仿真设计，如图 11-11 所示。

▲ 图 11-11　鸟巢、水立方的场馆仿真设计

11.2　案例分析

　　在虚拟现实房地产领域，有很多优秀的案例，本节介绍几个比较典型的虚拟现实房地产的案例。

11.2.1　北京大钟寺国际广场虚拟漫游

　　北京大钟寺国际广场位于北京市北三环联想桥附近，相关介绍如图 11-12 所示。

▲ 图 11-12　北京大钟寺国际广场相关介绍

　　中视典为北京大钟寺国际广场项目制作了三维动画及仿真系统，展现了其整体面貌，用户可漫游其中，感受广场的不同风貌，这就为项目建设提供了更为精细的论证

平台，也为项目带来了更多商家的加盟。

11.2.2　日照铭泰房产虚拟现实辅助售房

　　辉煌国际海港城建筑规划工程是山东日照铭泰房地产开发有限公司开发的，相关介绍如图 11-13 所示。

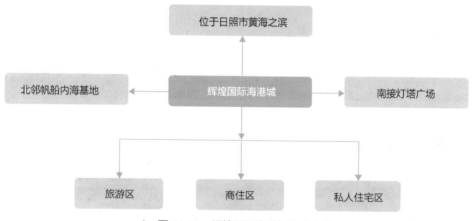

▲ 图 11-13　辉煌国际海港城相关介绍

辉煌国际海港城的精细建模部分共包含图 11-14 所示的几个方面。

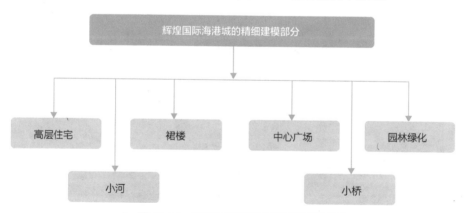

▲ 图 11-14　辉煌国际海港城的精细建模部分

　　为了完善售房服务拓展售房渠道，吸引更多的用户买房、加盟，日照铭泰房产公司将辉煌国际海港城的两种户型的室内装饰效果和一个酒店大堂室内装饰效果制成了虚拟漫游场景，让用户可以享受辉煌国际海港城的虚拟漫游体验。

　　虚拟漫游体验给辉煌国际海港城带来了两方面的效益，如图 11-15 所示。

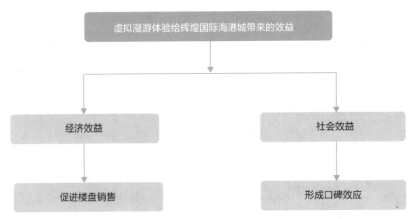

▲ 图 11-15　虚拟漫游体验给辉煌国际海港城带来的效益

11.2.3　中国科学技术馆虚拟现实场馆仿真系统

中国科学技术馆是国家综合性科技馆，场馆位于国家奥林匹克公园中心区，东临亚运居住区，西濒奥运水系，南依奥运主体育场，北接森林公园，占地 4.8 万平方米，建筑规模为 10.2 万平方米。

中国科学技术馆新馆设有 5 大主题展厅和 4 个特效影院，分别如图 11-16 和图 11-17 所示。

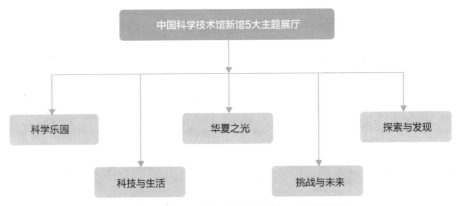

▲ 图 11-16　中国科学技术馆新馆 5 大主题展厅

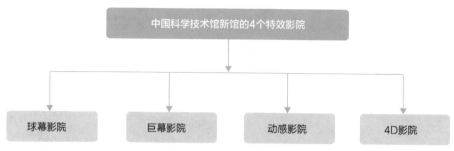

▲ 图 11-17　中国科学技术馆新馆的 4 个特效影院

中国科学技术馆新馆周边及室内采用仿真技术和虚拟现实技术进行各种综合的规划，规划内容如图 11-18 所示。

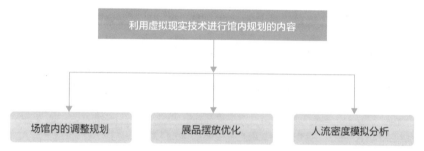

▲ 图 11-18　利用虚拟现实技术进行馆内规划的内容

通过虚拟现实技术对馆内进行综合的规划，主要意义如图 11-19 所示。

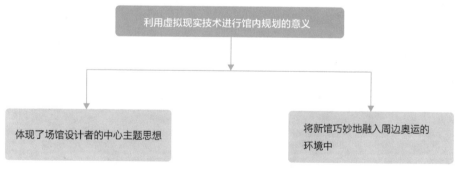

▲ 图 11-19　利用虚拟现实技术进行馆内规划的意义

第 12 章

虚拟现实
在工业生产领域的应用

学前提示

随着科学技术的发展，工业生产领域发生了巨大的变化，传统的工业技术已经不再适应工业的发展，先进的科学技术发挥出巨大的力量，特别是虚拟现实技术的应用，为工业带来了一场前所未有的革命。本章主要介绍虚拟现实在工业生产领域的应用。

| 虚拟现实在工业生产领域的应用 | 12.1 | 行业分析 |
| 虚拟现实在工业生产领域的应用 | 12.2 | 案例分析 |

12.1 行业分析

随着社会的发展，产品在不断地升级更新，产品构造也变得复杂多样，单纯地使用二维工程图或静态的三维图已经无法将产品设计师的思想全部表达出来，因此虚拟现实技术开始被应用在工业生产上，用交互的方式将虚拟产品情境和人们关联起来，大大地丰富了信息内容的传递方法。

虚拟现实技术的应用，使工业设计的手段和思想发生了质的飞跃，目前，虚拟现实技术已经被应用在工业的各个领域，如图 12-1 所示。

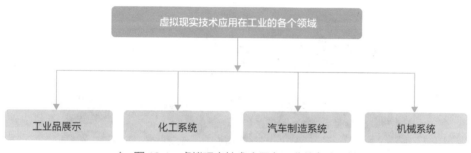

▲ 图 12-1　虚拟现实技术应用在工业的各个领域

将虚拟现实应用在工业设计中，更加符合社会发展的需求，在这些虚拟现实工业环节中，各个应用环节的名称和虚拟现实工业生产的意义如图 12-2 所示。

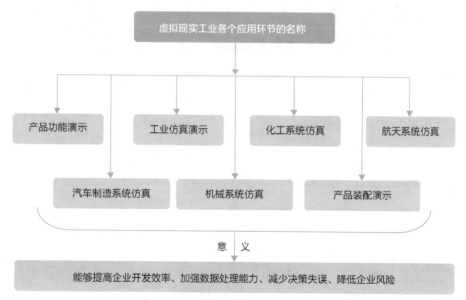

▲ 图 12-2　各个应用环节的名称和虚拟现实工业生产的意义

12.1.1 工业仿真

什么是工业仿真？工业仿真系统不是传统意义上的简单的场景漫游，它是一种能够结合用户业务层功能和数据库数据，组建一套完全的系统，用于指导工业生产的仿真系统。

简单来说，工业仿真就是将物理工业中的各个模块数据整合到一个虚拟体系中，在该虚拟体系中将工业中的每一个流程都表现出来，再通过交互模式与该虚拟体系中的各个环节展开互动，如图 12-3 所示。

▲ 图 12-3 工业仿真

虚拟现实系统应用于工业仿真领域，能够凭借图 12-4 所示的功能，为工业仿真创造出更多优秀的互动仿真方案。

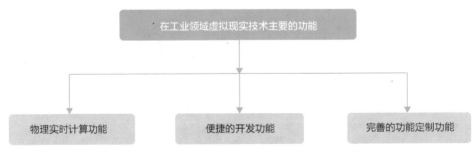

▲ 图 12-4 在工业领域虚拟现实技术主要的功能

工业仿真的效果主要依托于虚拟现实仿真平台软件，因此，工业仿真对软件的技术有一定的要求，如图 12-5 所示。

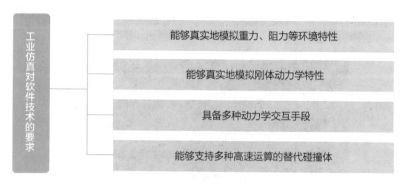

▲ 图 12-5 工业仿真对软件技术的要求

工业仿真技术的应用，能够为企业带来多方面的好处，如图 12-6 所示。

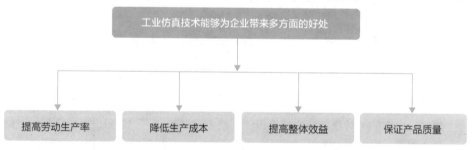

▲ 图 12-6 工业仿真技术能够为企业带来多方面的好处

12.1.2 汽车仿真

汽车仿真系统就是通过虚拟现实技术和计算机辅助技术，将轿车开发的各个环节都置于计算机技术所构造的虚拟环境中的综合技术。汽车仿真系统通常分为图 12-7 所示的 5 个部分。

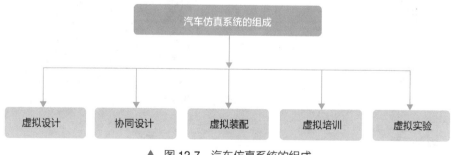

▲ 图 12-7 汽车仿真系统的组成

1. 虚拟设计

汽车虚拟设计通过虚拟现实技术、网络技术和产品数据管理技术，可以快捷地建立产品的模型，通常被运用在汽车产品的系列化设计、异地设计和变型设计上，如图 12-8 所示。

▲ 图 12-8　汽车虚拟设计

2. 协同设计

以往，汽车的设计往往是由多个设计部门针对汽车的不同部分进行分工设计，这种方式容易在设计工作完成后出现很多问题，诸如数据格式不协同或机械问题等。

汽车仿真系统中的协同设计平台，能够实时获取不同部门设计师的不同设计成果，进行快速整合，创造出汽车的三维模型，帮助设计师及时发现工作中的问题，如图 12-9 所示。

▲ 图 12-9　汽车虚拟协同设计

3. 虚拟装配

虚拟装配通常运用在汽车产品制造加工之前，通过虚拟装配系统，设计人员可以全方位地检查零部件之间的状态，虚拟装配系统的作用包括图 12-10 所示的两点。

▲ 图 12-10　虚拟装配系统的作用

4. 虚拟培训

　　虚拟培训系统可以帮助员工熟悉汽车生产装配流程，避免在汽车的制造过程中出现错误，从而减少企业的经济损失，如图 12-11 所示。

▲ 图 12-11　虚拟培训系统

5. 虚拟实验

　　在建立了汽车整车或分系统的 CAD 模型之后，可以采用虚拟实验技术在计算机上进行虚拟仿真实验，来预测图 12-12 所示的汽车的各个性能。

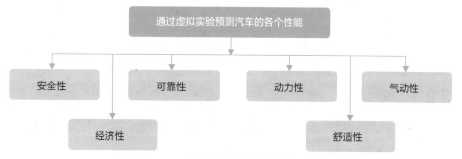

▲ 图 12-12　通过虚拟实验预测汽车的各个性能

在进行虚拟实验时，不仅可以模拟真实的环境、阻力、负荷等多种实验条件，还可以进行虚拟人机工程学评价、虚拟风洞试验、虚拟碰撞试验等，如图 12-13 所示。

▲ 图 12-13　汽车虚拟实验

12.1.3　船舶制造

在船舶设计领域，虚拟现实技术涵盖了许多方面，如图 12-14 所示，通过虚拟现实技术，企业能够及早发现船舶建造中的问题，真正实现船体建造、设计、制造、管理一体化。

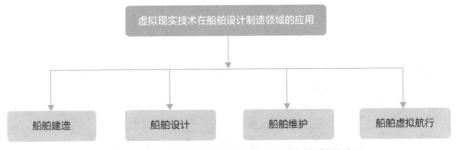

▲ 图 12-14　虚拟现实技术在船舶设计制造领域的应用

12.2　案例分析

在虚拟现实工业生产领域，有很多优秀的案例，本节介绍几个比较典型的虚拟现实工业生产的案例。

12.2.1 赢康科技工业仿真系统

赢康科技是一家能够根据客户的需求为客户量身定制不同的软件开发平台和集成硬件平台的企业，在工业仿真领域，赢康科技能够为客户提供图 12-15 所示的解决方案。

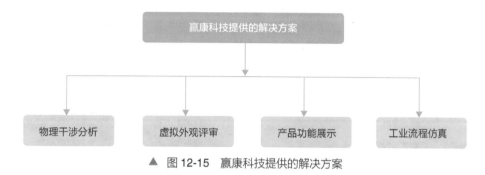

▲ 图 12-15 赢康科技提供的解决方案

1. 物理干涉分析

在生产工业产品时，物理干涉分析是很重要的一个环节，它有以下几点作用。

- 减少产品的研发错误。
- 帮助提高产品的可用性。

将物理干涉分析显示在沉浸式立体显示环境中，会提高分析验证的准确性。

2. 虚拟外观评审

虚拟外观评审平台是指针对工业设计环节，将虚拟现实技术、可视化技术、人机交互技术等结合在一起，形成一种直观的、逼真的评估环境，如图 12-16 所示。

▲ 图 12-16 虚拟外观评审

3. 产品功能展示

在产品设计、生产及管理的周期过程中，采用虚拟现实技术进行产品功能展示可以起到两个重要的作用，如图 12-17 所示。

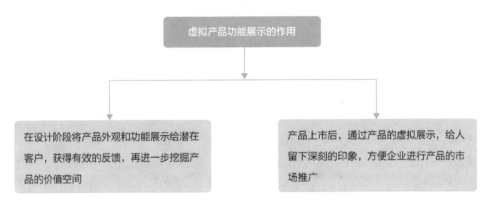

虚拟产品功能展示的作用

在设计阶段将产品外观和功能展示给潜在客户，获得有效的反馈，再进一步挖掘产品的价值空间

产品上市后，通过产品的虚拟展示，给人留下深刻的印象，方便企业进行产品的市场推广

▲ 图 12-17　虚拟产品功能展示的作用

4. 工业流程仿真

以往，很多工业流程是很难被全面完整地展示出来的，尤其是大型工业生产流程，但是通过虚拟现实技术和仿真技术，可以从多角度将这些生产流程模拟在屏幕上，如图 12-18 所示。

▲ 图 12-18　工业流程仿真

12.2.2 3D 可视化应用软件 SView

三维轻量化浏览器 SView，是一款可应用于工业领域的高性能的 3D 可视化应用软件，图 12-19 为该系统在手机和计算机上的应用。

▲ 图 12-19 三维轻量化浏览器 SView

SView 能够提供图 12-20 所示的功能。

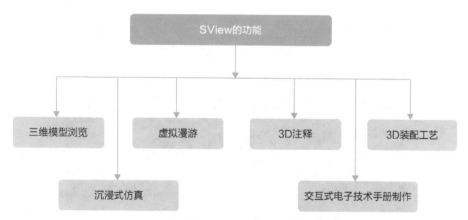

▲ 图 12-20 SView 的功能

SView 的嵌入式部署有利于形成产品生命周期管理的三维可视化解决方案，其中产品生命周期管理的关键环节包括图 12-21 所示的内容。

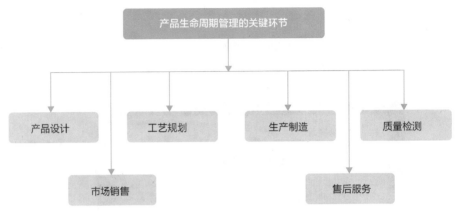

▲ 图 12-21　产品生命周期管理的关键环节

12.2.3　曼恒数字打造数字化虚拟仿真系统

曼恒数字为一家工程机械装备公司打造了一套数字化虚拟仿真系统，如图 12-22 所示。

这套系统不仅能够根据新产品的特性，将产品在开发、维护以及操作方面的特性模拟出来，还能真实地模拟出产品的三维装配过程。

用户通过虚拟交互设备，可以控制产品的装配过程，例如拆卸、装配等操作，并且可以检验装配设计和操作的正确与否，以便及时发现问题。

▲ 图 12-22　数字化虚拟仿真系统

在操作过程中，虚拟仿真系统还能够为用户提供一些实时的帮助功能，如图 12-23 所示。

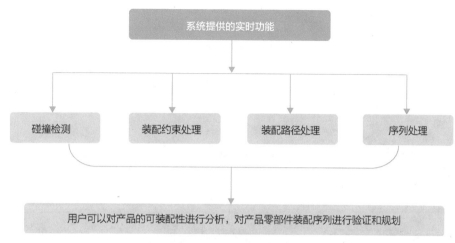

▲ 图 12-23　系统提供的实时功能

　　装配操作结束之后，虚拟仿真系统还能够将装配过程全部记录下来，生成评审报告供用户分析使用。

12.2.4　专业工业仿真领域 VRP-PHYSICS 系统

　　VRP-PHYSICS 系统是由中视典数字科技推出的一款虚拟现实物理系统引擎，该系统主要应用于工业仿真、旅游教学、军事仿真等多个领域，是一款适合高端工业仿真的虚拟现实物理系统引擎，图 12-24 为该系统虚拟成像效果。

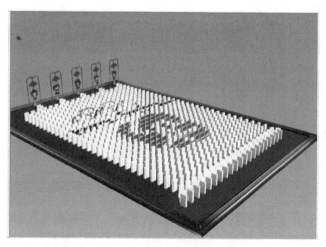

▲ 图 12-24　VRP-PHYSICS 系统虚拟成像效果

　　VRP-PHYSICS 系统赋予虚拟现实场景中的物体以物理属性，符合现实世界中的物理定律，具备图 12-25 所示的功能特点。

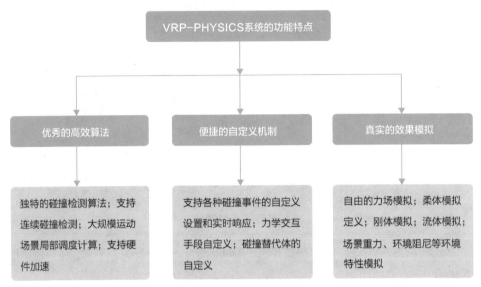

▲ 图 12-25　VRP-PHYSICS 系统的功能特点

目前，VRP-PHYSICS 系统已经被广泛应用于众多的工业行业的虚拟仿真中，如图 12-26 所示。

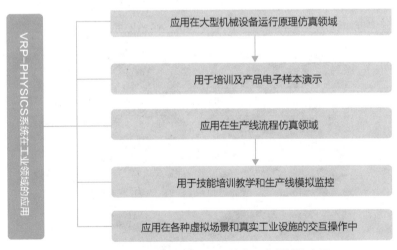

▲ 图 12-26　VRP-PHYSICS 系统在工业领域的应用

第 13 章

虚拟现实
在能源仿真领域的应用

学前提示

能源行业一直是应用潜力巨大的行业,伴随着能源行业的迅猛发展,如何提高能源项目执行效率并控制成本,是国家和企业所要面临的巨大挑战。将虚拟现实技术应用在能源领域,或许能够有效减少能源问题。本章主要介绍虚拟现实在能源仿真领域的应用。

虚拟现实在能源仿真领域的应用

| 13.1 | 行业分析 |
| 13.2 | 案例分析 |

13.1 行业分析

虚拟现实仿真系统适用于图 13-1 所示的能源作业领域。

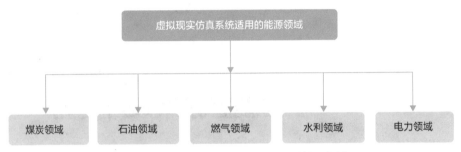

▲ 图 13-1 虚拟现实仿真系统适用的能源领域

虚拟现实能源仿真系统的内容如图 13-2 所示。

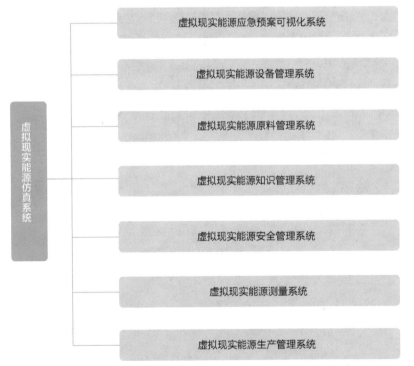

▲ 图 13-2 虚拟现实能源仿真系统

虚拟现实能源的研究、开发及应用，具有很重要的意义，如图 13-3 所示。

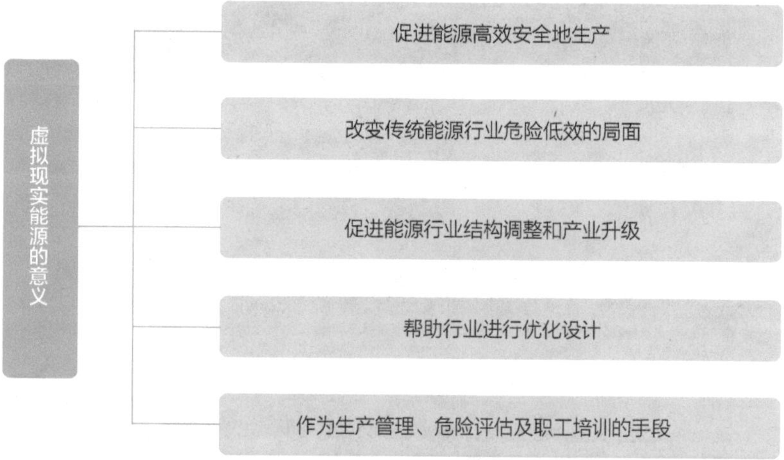

促进能源高效安全地生产

改变传统能源行业危险低效的局面

虚拟现实能源的意义

促进能源行业结构调整和产业升级

帮助行业进行优化设计

作为生产管理、危险评估及职工培训的手段

▲ 图 13-3 虚拟现实能源的意义

13.1.1 煤矿仿真

目前，在煤矿的生产过程中，工人和企业面临的最大问题就是安全问题，煤矿仿真系统能够帮助人们对极端环境和危险环境有个全面的认识，图 13-4 为煤矿仿真系统。

▲ 图 13-4 煤矿仿真系统

煤矿生产仿真系统的原理和特点如图 13-5 所示。

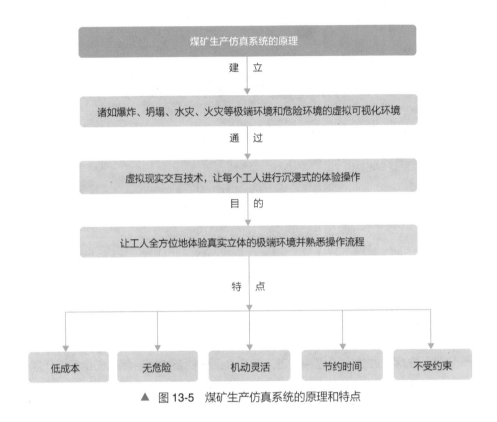

▲ 图 13-5　煤矿生产仿真系统的原理和特点

13.1.2　石油仿真

石油作为一种重要的战略物资一直备受人们的关注，在生产方面，石油具备图 13-6 所示的特点。

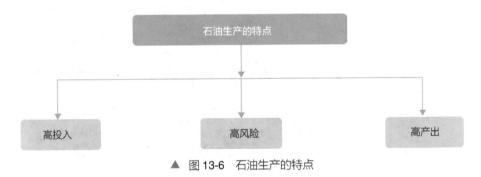

▲ 图 13-6　石油生产的特点

由于石油生产具备这些特点，因此很多企业都非常重视石油的生产过程，尤其是钻采过程的管理和监控。石油仿真系统能够模拟钻采过程，帮助钻采工人提高生产效率，尽可能有效地避免事故的发生，如图 13-7 所示。

▲ 图 13-7　石油仿真系统

石油仿真系统可以被应用在图 13-8 所示的方面。

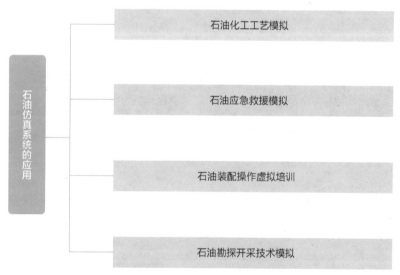

▲ 图 13-8　石油仿真系统的应用

13.1.3　电力仿真

电力仿真系统是将虚拟现实技术应用于电站的仿真系统，目前主要用于员工的培训，如图 13-9 所示。

电力仿真系统和电力安全生产已经密不可分，两者之间的关系如图 13-10 所示。

▲ 图 13-9　电力仿真系统

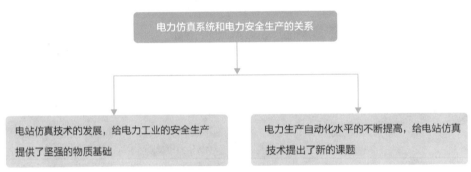

▲ 图 13-10　电力仿真系统和电力安全生产的关系

13.1.4　水利仿真

水利仿真系统主要用于建立水利水电工程的全三维模型，包括图 13-11 所示的
内容。

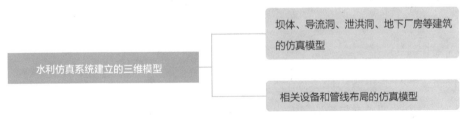

▲ 图 13-11　水利仿真系统建立的三维模型

通过水利仿真系统建立的三维模型与现实物理数据完全相关，因此可真实反映工

程建成以后的面貌，图 13-12 为水利仿真系统。

▲ 图 13-12　水利仿真系统

13.2　案例分析

在虚拟现实能源仿真领域，有很多优秀的案例，本节介绍几个比较典型的虚拟现实能源仿真的案例。

13.2.1　基于虚拟现实的机器人作业系统

基于虚拟现实的机器人作业系统，又称机器人处理核废料虚拟仿真培训系统，是一款帮助工作人员熟练操控远端机器人完成核废料清理工作的培训系统，如图 13-13 所示。

▲ 图 13-13　机器人处理核废料虚拟仿真培训系统

　　该系统通过模拟机器人在高辐射强度环境中执行任务，实现对物体的切割、搬运等操作，降低工作人员遭受辐射的危险，系统由图 13-14 所示的 4 个部分组成。

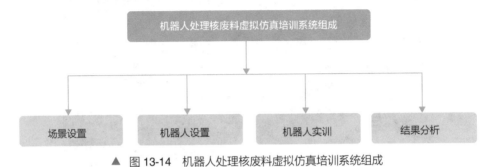

▲ 图 13-14　机器人处理核废料虚拟仿真培训系统组成

　　机器人处理核废料虚拟仿真培训系统的原理流程如图 13-15 所示。

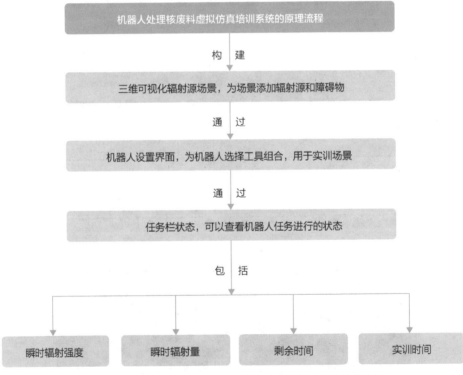

▲ 图 13-15　机器人处理核废料虚拟仿真培训系统的原理流程

13.2.2　应急事故虚拟现实仿真系统

　　大型石油灌区是典型高风险区域，一旦操作不当就很容易引起火灾、爆炸等事故，因此，企业对大型石油灌区的安全性和操作人员的专业性要求很高。

应急事故虚拟现实仿真系统，又称石油石化应急事故三维模拟系统，是一套基于虚拟现实技术的大型储罐区应急救援及安全培训系统，如图 13-16 所示。

▲ 图 13-16 石油石化应急事故三维模拟系统

这款三维模拟系统的教学原理、功能和意义如图 13-17 所示。

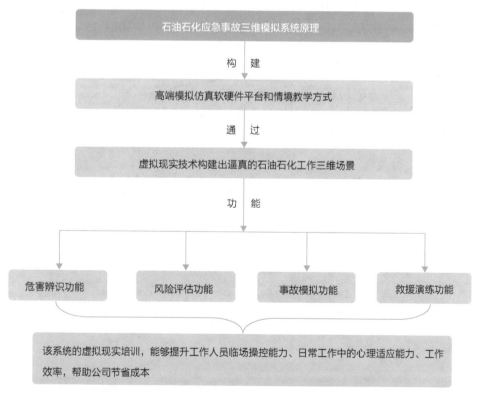

▲ 图 13-17 石油石化应急事故三维模拟系统原理、功能和意义

13.2.3 电力检测虚拟现实监控系统

电力检测虚拟现实监控系统，又称电力自动化检测三维实时监控系统，是一款对电力设备检测现场进行模拟的监控系统，如图 13-18 所示。

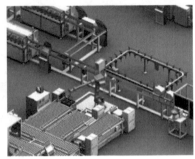

▲ 图 13-18　电力自动化检测三维实时监控系统

工作人员能够通过该系统在虚拟情境中掌握相关设备仪器的工作状态，同时结合人机交互技术，工作人员还可以对虚拟场景中的相关物品的参数进行查看，这些参数的内容和目的如图 13-19 所示。

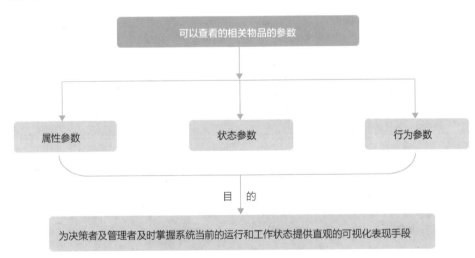

▲ 图 13-19　可以查看的相关物品的参数

13.2.4 变电站虚拟现实系统

变电站虚拟现实系统是一套基于虚拟现实技术和传感交互技术的沉浸式仿真系统，如图 13-20 所示。

▲ 图 13-20　变电站虚拟现实系统

　　智能电网工程设备因其信息化、自动化和互动化等特征，给企业在集成部署、安装及调试等方面带来了严峻的考验。虚拟现实技术将硬件、软件、网络、应用等多层面信息融合为一体，再通过一系列相关技术，可以帮助企业解决很多问题，如图 13-21 所示。

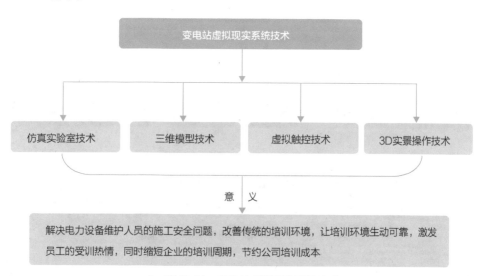

▲ 图 13-21　变电站虚拟现实系统技术

13.2.5　矿井综采三维仿真系统

　　矿井综采三维仿真系统，又称矿井综采虚拟现实系统，可将矿井作业通过 3D 虚拟场景逼真地表现出来，如图 13-22 所示。

▲ 图 13-22　矿井综采虚拟现实系统

在现实生活中，由于井下条件的限制，综合机械化采煤工作面常常是事故高发地，将虚拟现实技术应用在这个领域，能够为企业带来图 13-23 所示的好处。

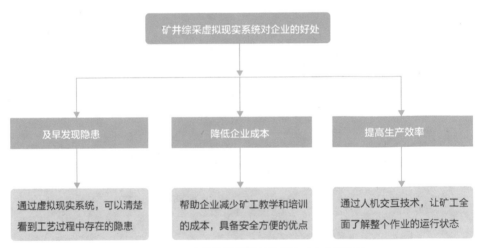

▲ 图 13-23　矿井综采虚拟现实系统对企业的好处

13.2.6　核电站三维仿真培训系统

核电站三维仿真培训系统，又称核电站虚拟现实模拟培训系统，是一套核电站模拟培训系统，与其他模拟仿真系统相比，这套系统的优势是培训成本较低，图 13-24 为核电站虚拟现实模拟培训系统。

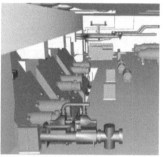

▲ 图 13-24 核电站虚拟现实模拟培训系统

核电站虚拟现实模拟培训系统包括图 13-25 所示的设施。

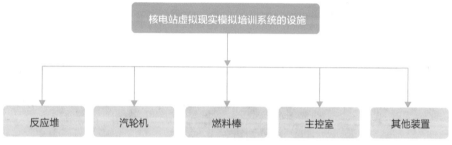

▲ 图 13-25 核电站虚拟现实模拟培训系统的设施

整个设施可以进行直观的 3D 互动，涉及诸多培训内容，具体包括图 13-26 所示的虚拟仿真内容。

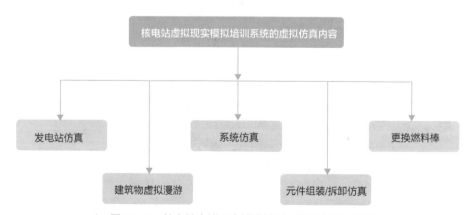

▲ 图 13-26 核电站虚拟现实模拟培训系统的虚拟仿真内容

传统的核电站模拟培训方式是采用模拟器来进行操作，这种培训方式不仅价格昂贵，而且受培训人员数量和场地的限制，不能帮初级学员完成大量培训任务。

而利用虚拟仿真软件开发的仿真培训系统，能够帮助企业解决这些问题，而且为了实现逼真效果，对操作环境和操控室的操作功能都有一定的要求。

- 要求操作环境具有真实感。
- 要求控制室的操作功能模拟符合物理实际。
- 随着虚拟仿真技术日趋成熟，核电站虚拟仿真系统的应用渐渐扩散到多个领域。
- 早期的厂房和系统的漫游、设备的拆装。
- 后期的虚拟设备维修、人因工程等多个方向。

从以上的内容可以看出，虚拟现实仿真技术对核电行业已经产生了独特的、深远的影响。

13.2.7 沉浸式仿真油田系统

为了给油田项目创造一个相对安全的环境，阿拉伯石油公司创建了一个虚拟现实油田系统，图 13-27 为该虚拟现实油田系统。

▲ 图 13-27 虚拟现实油田系统

该系统给人们带来沉浸式的虚拟现实体验，通过虚拟场景让人们了解石油工程的各个环节，如图 13-28 所示。

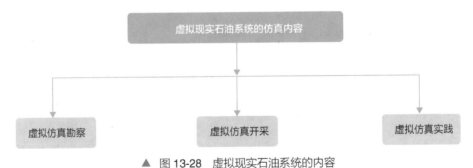

▲ 图 13-28 虚拟现实石油系统的内容

虚拟现实石油系统的特点如图 13-29 所示。

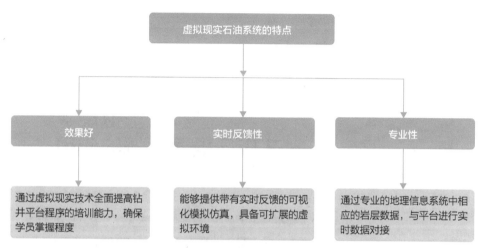

▲ 图 13-29 虚拟现实石油系统的特点

第 14 章

虚拟现实
在应急推演领域的应用

学前提示

将虚拟现实技术应用于应急推演领域，突破了传统的培训模式，可以让培训人员快速有效地掌握作业过程中的风险控制等知识，及时、快速地对灾害做出准确的判断并制定有效的应对措施。本章主要介绍虚拟现实在应急推演领域的应用。

虚拟现实在应急推演领域的应用

14.1 ——— 行业分析

14.2 ——— 案例分析

14.1　行业分析

与国外安全生产应急救援水平相比，我国仍存在着一定的差距；但近几年，随着各项高科技技术的发展，我国应急救援水平已经有了很大的进步。

虚拟现实技术已经被广泛应用于应急演练中。通过虚拟现实技术，受训人员能够及时、直观地对图 14-1 所示的各种灾害做出准确的预测并制定相应对策。

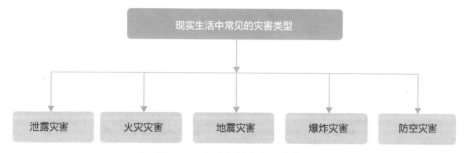

▲　图 14-1　现实生活中常见的灾害类型

虚拟现实应急演练系统是一个高端的仿真硬软件平台，主要通过虚拟现实技术建立逼真的虚拟场景，以开放式演习的方式对图 14-2 所示的内容进行模拟。

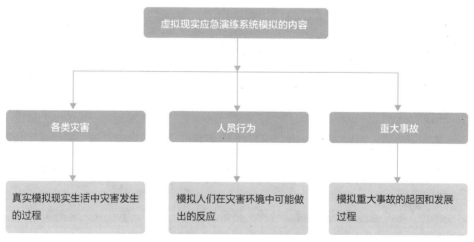

▲　图 14-2　虚拟现实应急演练系统模拟的内容

虚拟现实应急演练系统能够训练各级决策与指挥人员、事故处置人员达到图 14-3 所示的目标。

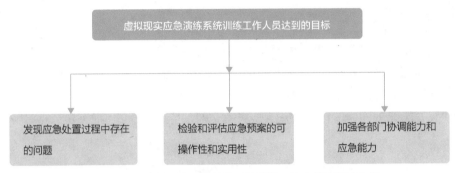

▲ 图14-3　虚拟现实应急演练系统训练工作人员达到的目标

虚拟现实应急演练系统模块构成如图 14-4 所示。

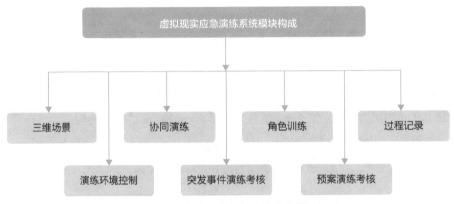

▲ 图14-4　虚拟现实应急演练系统模块构成

1．三维场景

不同训练目标对应不同的训练场景，在虚拟场景内设置相应灾害，形成逼真的三维演练环境。

2．协同演练

通过人机交互技术，让不同岗位的人员可以在同一个虚拟场景中协同演练。

3．角色训练

对不同的角色给予不同权限，明确其在灾害中的职责，角色分配如下。

- 群众。
- 援助指挥中心。
- 专业救援人群。
- 社会救援人群。

4. 过程记录

将虚拟现实应急演练过程记录下来，为后续总结、预案处置提供依据。

5. 演练环境控制

演练环境控制是指在演练过程中，能够根据需要人为增加突发事件，改变演练环境，具体如图 14-5 所示。

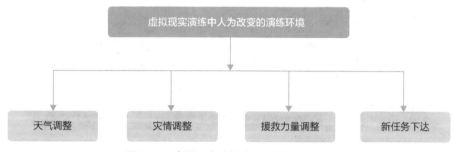

▲ 图 14-5　虚拟现实演练中人为改变的演练环境

6. 突发事件演练考核

演练专家对虚拟演练的过程和结果给予点评，考评的结果将被记录下来，供参训者查询。

7. 预案演练考核

将预案演练结果与已有的预案进行对比，形成考核结果并记录下来，供参训者查询。

14.1.1　应急演练仿真培训系统的特点

对于一些高风险行业来说，提前对员工做好应急救援培训，使其对突如其来的灾难能够做出合理的应急措施，是避免事故发生，保障企业和员工的生命财产安全的大事。

传统应急救援培训往往因成本高、效率低而不受企业重视，而且还受空间、场地等局限，因此实训效果大打折扣。

为此，企业需要一套更先进的平台来进行员工的应急救援培训，虚拟现实应急演练培训系统即可以解决以上的问题。通过虚拟现实技术多角度地展现灾害的全过程，让受训者了解在灾害面前如何快速决策、合理应对，以保障自身和他人的安全，如图14-6 所示。

▲ 图 14-6　应急演练仿真培训系统

应急演练仿真培训系统具备图 14-7 所示的特点。

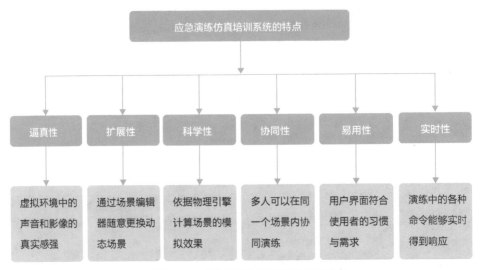

应急演练仿真培训系统的特点

逼真性	扩展性	科学性	协同性	易用性	实时性
虚拟环境中的声音和影像的真实感强	通过场景编辑器随意更换动态场景	依据物理引擎计算场景的模拟效果	多人可以在同一个场景内协同演练	用户界面符合使用者的习惯与需求	演练中的各种命令能够实时得到响应

▲ 图 14-7　应急演练仿真培训系统的特点

14.1.2　应急演练仿真培训系统的种类

应急演练仿真培训系统的种类包括 4 大类，如图 14-8 所示。

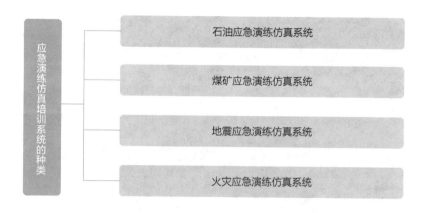

▲ 图 14-8　应急演练仿真培训系统的种类

1. 石油应急演练仿真系统

石油应急演练仿真系统主要应用于图 14-9 所示的领域。

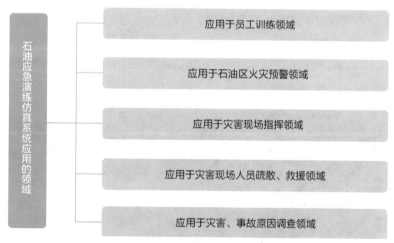

▲ 图 14-9　石油应急演练仿真系统应用的领域

2. 煤矿应急演练仿真系统

煤矿应急演练仿真系统主要用于煤矿的生产领域，通过在该系统上。搭建可视化的应用平台，为参训者提供逼真的虚拟场景，再通过人机交互技术，帮助参训者提升实际操作能力，如图 14-10 所示。

煤矿应急演练仿真系统由理论培训和实战培训两部分组成，理论培训部分主要以三维方式为参训者提供生动的、准确的煤矿应急知识，实战培训部分为参训者提供拟真的并且可以互动操作的虚拟现实应急演练场景。

▲ 图 14-10　煤矿应急演练仿真系统

3. 地震应急演练仿真系统

　　地震应急演练仿真系统是一款基于地理信息技术与三维仿真技术的地震应急演练仿真系统，如图 14-11 所示。

▲ 图 14-11　地震应急演练仿真系统

地震应急演练仿真系统主要为图 14-11 所示的问题提供实时的指挥和规划部署。

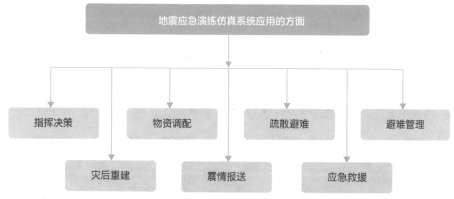

▲ 图 14-12　地震应急演练仿真系统应用的方面

4. 火灾应急演练仿真系统

火灾应急演练仿真系统是一款应用于火灾应急演练的虚拟现实系统，如图 14-13 所示。

▲ 图 14-13　火灾应急演练仿真系统

火灾应急演练仿真系统综合了海量现实中的各类数据信息，通过虚拟现实技术模拟火灾事故现场，帮助人们制订科学的应急救援方案。

14.2 案例分析

在虚拟现实应急推演领域，有很多优秀的案例，本节介绍几个比较典型的虚拟现实应急推演的案例。

14.2.1 搜维尔虚拟现实应急预案系统

搜维尔虚拟现实应急预案系统是由搜维尔研究室推出的，如图 14-14 所示。

▲ 图 14-14 搜维尔虚拟现实应急预案系统

该虚拟现实应急预案系统的特点主要有 3 点，如图 14-15 所示。

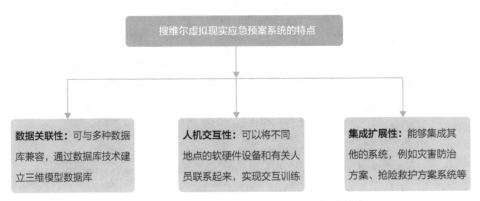

▲ 图 14-15 搜维尔虚拟现实应急预案系统的特点

搜维尔虚拟现实应急预案系统的核心如图 14-16 所示。

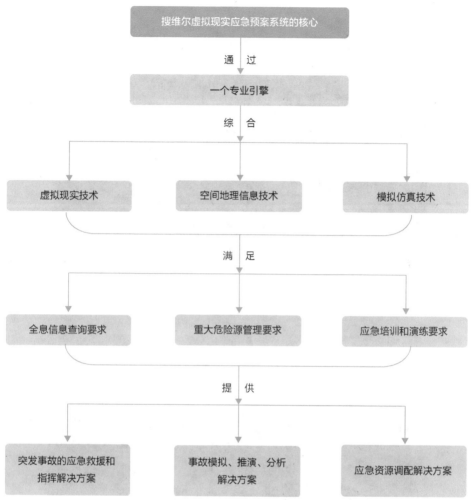

▲ 图 14-16 搜维尔虚拟现实应急预案系统的核心

14.2.2 地震现场救援仿真训练系统

地震现场救援仿真训练系统是一个利用虚拟现实技术实现的训练的系统，如图 14-17 所示。

通过虚拟现实技术实现的地震现场救援仿真训练系统可以搭建出逼真的废墟模型和不同分辨率的虚拟地震灾害场景，这些场景包括图 14-18 所示的类型。

▲ 图 14-17　地震现场救援仿真训练系统

▲ 图 14-18　虚拟地震灾害场景

地震现场救援仿真训练系统为受训者提供了一个在视觉、听觉和指挥方面都十分接近于实战的沉浸式的虚拟场景，具备图 14-19 所示的特点。

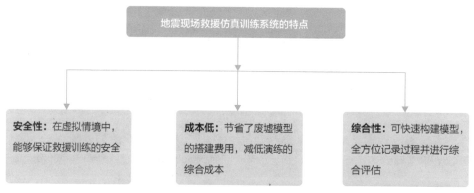

地震现场救援仿真训练系统的特点

安全性： 在虚拟情境中，能够保证救援训练的安全

成本低： 节省了废墟模型的搭建费用，减低演练的综合成本

综合性： 可快速构建模型，全方位记录过程并进行综合评估

▲ 图 14-19　地震现场救援仿真训练系统的特点

14.2.3　矿山应急救援模拟仿真演练系统

矿山应急救援模拟仿真演练系统是北京市安全生产监督管理局创建的，如图 14-20 所示。

▲ 图 14-20　矿山应急救援 3D 模拟仿真实战演练与评价系统

该系统主要是通过计算机和虚拟现实技术创建出矿山灾害事故的虚拟场景，然后将该虚拟场景应用于矿山应急救援人员的日常训练演练中，不仅能够提高应急救援的

训练效果，还能提升应急救援演练的实战水平。

与传统救援项目相比，该虚拟现实应急救援演练系统主要有图 14-21 所示的 4 大优势。

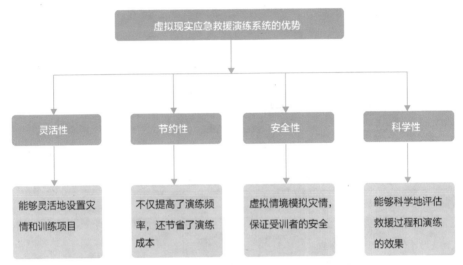

▲ 图 14-21 虚拟现实应急救援演练系统的优势

在此基础上，北京市安全生产监督管理局还进一步完善了虚拟现实演练系统，帮助扩展虚拟现实技术的应用领域，具体的完善措施如图 14-22 所示。

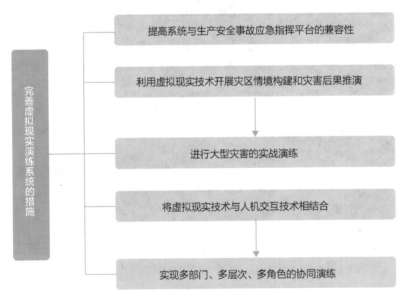

▲ 图 14-22 完善虚拟现实演练系统的措施

第 15 章

虚拟现实
在科研教学领域的应用

学前提示

虚拟现实技术在科研教学领域已经产生了较为深远的影响，它改变了以往的一些教学观念和科研模式，为科研教学的创新提供了广阔的空间。本章主要介绍虚拟现实在科研教学领域的应用。

虚拟现实在科研教学领域的应用	15.1	行业分析
	15.2	案例分析

15.1 行业分析

将虚拟现实技术应用到科研教学领域，主要是通过沉浸式的虚拟情境，让科研工作者和学生投入进去，其原理如图 15-1 所示。

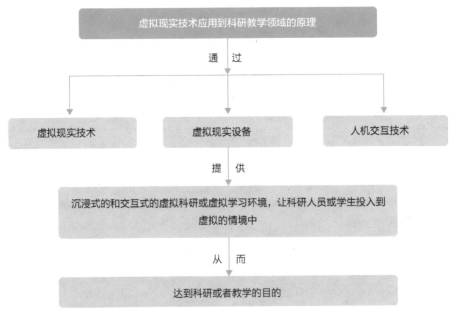

▲ 图 15-1　虚拟现实技术应用到科研教学领域的原理

将虚拟现实技术应用到教育领域，能够起到图 15-2 所示的作用。

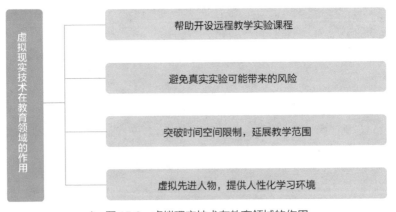

▲ 图 15-2　虚拟现实技术在教育领域的作用

1. 帮助开设远程教学实验课程

在传统的远程教学中，往往会因为图 15-3 所示的原因，无法开设某些实验课程。

虚拟现实技术带来的沉浸式和交互式体验，能够弥补远程教学条件的不足。

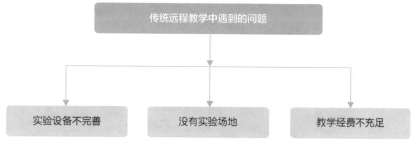

▲ 图 15-3 传统远程教学中遇到的问题

虚拟现实系统能够帮助学生足不出户感知真正的实验操作，不仅能够获得趣味性的知识，还能加深对实验操作的理解。

2. 避免真实实验可能带来的风险

传统的危险实验的操作方法往往是通过视频的方式来演示的，学生无法直接进行操作。

虚拟现实技术能够帮助学校打消这种顾虑。虚拟现实系统为学生提供虚拟的学习环境，让学生沉浸在虚拟情境中，避免了实验可能带来的危险，让学生可以放心地去体验各种实验。

例如虚拟医科手术，带领医生进入虚拟情境中，避免因操作失误而造成的不可挽回的医疗事故；或者在虚拟化学实验中，能够避免爆炸或有毒实验材料给人体带来的伤害，如图 15-4 所示。

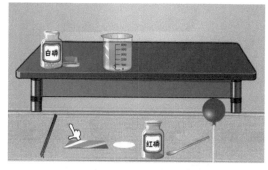

▲ 图 15-4 虚拟化学实验

3. 突破时间空间限制，延展教学范围

虚拟现实系统能够为教学提供很多电视录像所无法比拟的功能，它能够突破时间和空间的限制，帮助延展教学的范围，提升教学的质量。

例如，学生可以通过虚拟现实系统，进入虚拟的宇宙，观看天体的运动；也可以进入虚拟的工厂，观察每个机器部件的工作情况以及工厂的工作流程。

4. 虚拟先进人物，提供人性化学习环境

如果想要创造一个充满学习气氛的环境，可以通过虚拟现实技术打造图 15-5 所示的虚拟先进人物，为学生提供人性化的学习环境。

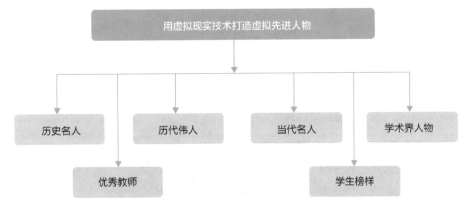

▲ 图 15-5　用虚拟现实技术打造虚拟先进人物

例如，通过虚拟讲堂让学生和虚拟老师在虚拟情境中进行交流和讨论，不仅能够提升学生的学习兴趣，还能够打造自然的、亲切的学习氛围。

虚拟现实技术已经被应用到科研教学的多个领域，如图 15-6 所示。

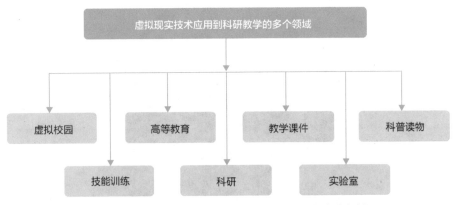

▲ 图 15-6　虚拟现实技术被应用到科研教学的多个领域

15.1.1 虚拟校园

学校的一切事物都在潜移默化地影响着学校里的每一个学生，因此，创建一个健

康的、积极向上的校园文化对于学校来说非常重要。

随着网络技术、虚拟现实技术的大力推广，很多高校开始打造虚拟校园模式，如图 15-7 所示。

▲ 图 15-7　虚拟校园

虚拟校园就是基于地理信息系统（GIS）、遥感（RS）技术以及虚拟现实技术，创建出真实校园的三维场景，让用户沉浸其中，有如身临其境，其主要特点和功能包括图 15-8 所示的几点。

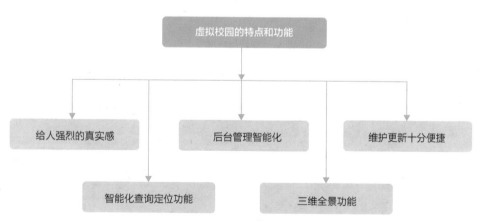

▲ 图 15-8　虚拟校园的特点和功能

学生通过虚拟校园，可以直观地欣赏到教学楼、食堂、实验室、图书馆、宿舍等建筑，了解校园的整体布局和规划，通常，虚拟校园在图 15-9 所示的方面发挥着重要的作用。

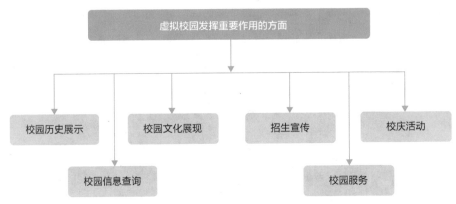

▲ 图 15-9　虚拟校园发挥重要作用的方面

15.1.2　高等教育

虚拟现实技术在高等教育领域主要应用在两个方面，如图 15-10 所示。

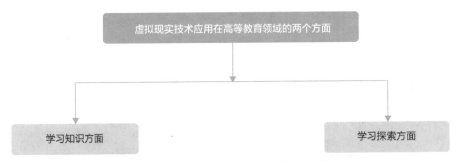

▲ 图 15-10　虚拟现实技术应用在高等教育领域的两个方面

1. 学习知识方面

学习知识主要是指学生利用虚拟现实系统学习各种知识，它主要应用在以下两个方面。

- 将现实生活中无法观察到的事物或现象通过虚拟现实技术表现出来。例如，通过虚拟现实技术，带领学生欣赏两极极光的变化、梯田的生长变化或者地球的公转自转等。
- 以直观的形式加深学生对抽象理论的理解。

2. 学习探索方面

在学习过程中，经常会遇到各种假设模型，传统的教学方式无法将这些假设模型的效果展现给学生，但是通过虚拟现实技术就能够让学生直观地看到某一假设的结果或者效果。

15.1.3 教学课件

随着人们对教学方法和内容的要求越来越高，传统的、单调的课件教学的方式已经不能满足人们的需求，因此，改变传统教学方式来提升学生学习兴趣成为所有高校要考虑的问题之一。

课堂上的教学内容和教学方式都应该与时俱进，将虚拟现实技术融入教学课件，打造虚拟课件，不仅能够为枯燥无味的课堂讲课提供更多的娱乐性，让课堂教学更加生动有趣，也能够让学生对学习产生更大的兴趣，从而吸收更多的知识。虚拟现实课件可以被应用在图 15-11 所示的多个课程领域。

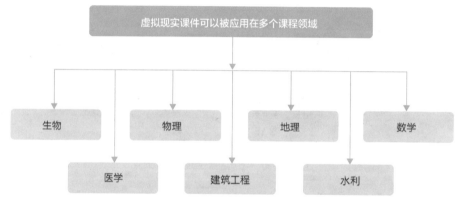

▲ 图 15-11　虚拟现实课件可以被应用在多个课程领域

图 15-12 为虚拟现实系统制作的虚拟医学课件。

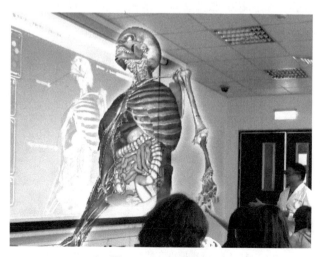

▲ 图 15-12　虚拟医学课件

15.1.4　科普读物

在科普读物领域，增强现实技术在发挥作用，学生用移动设备在看似很普通的图书上扫描一下，就会看到书中的画面跃然纸上，如图 15-13 所示。

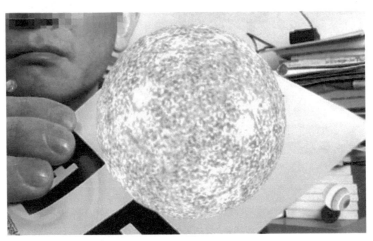

▲ 图 15-13　虚拟科普读物

15.1.5　技能训练

因为虚拟现实系统可以为学生提供一个沉浸式的虚拟环境，因此虚拟现实系统十分适用于学生的技能训练领域。

通过虚拟现实技术创建的虚拟环境，学生可以做各种各样的技能训练，如图 15-14 所示。

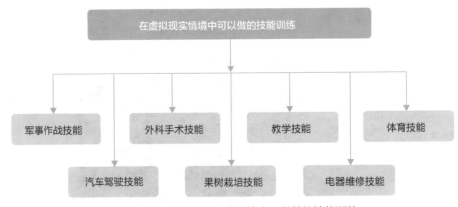

▲ 图 15-14　在虚拟现实情境中可以做的技能训练

通过虚拟现实系统进行技能训练的好处如图 15-15 所示。

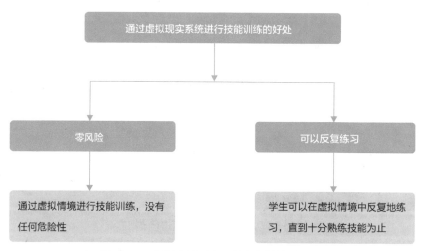

▲ 图 15-15　通过虚拟现实系统进行技能训练的好处

15.1.6　科研

在科研领域，各高校都有虚拟现实方面的课题研究，如图 15-16 所示。

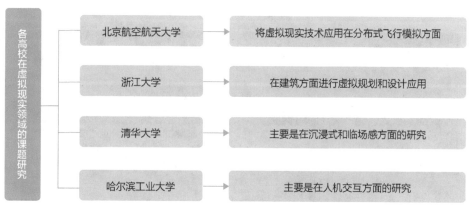

▲ 图 15-16　各高校在虚拟现实领域的课题研究

15.1.7　实验室

虚拟现实系统除了可以用于虚拟课件制作、学生技能训练和科研领域以外，还可以建立各种虚拟实验室，在虚拟实验室里，学生可以自由地做各种实验，如图 15-17 所示。

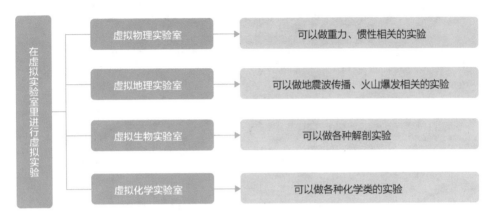

▲ 图 15-17　在虚拟实验室里进行虚拟实验

虚拟实验室具备多项优点，如图 15-18 所示。

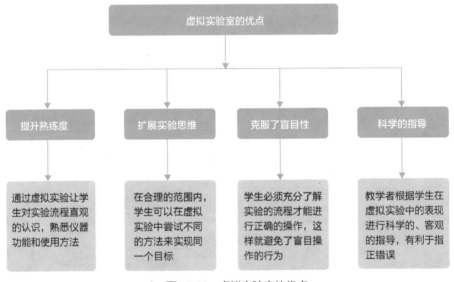

▲ 图 15-18　虚拟实验室的优点

15.2　案例分析

在虚拟现实科研教学领域有很多优秀的案例，本节介绍几个比较典型的虚拟现实科研教学的案例。

15.2.1　虚拟现实之土木工程训练系统

现实生活中的土木工程实验往往具有图 15-19 所示的特点。

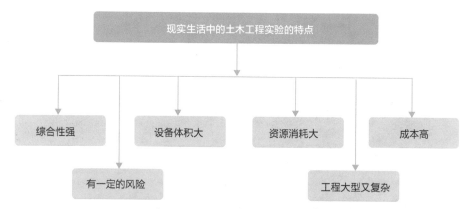

▲ 图 15-19　现实生活中的土木工程实验的特点

　　基于这些特点，现实生活中的土木工程实验通常无法让学生深入地参与，因此达不到预期的教学目的。

　　为了解决这些问题，曼恒数字企业推出了土木工程虚拟仿真实验系统，如图 15-20 所示。其应用流程如图 15-21 所示。

　　该系统涵盖了大量土木类的实验内容，有效地消除了设备、场地、经费等因素的限制，有助于提升学生的动手操作能力，培养学生的学习兴趣。

▲ 图 15-20　土木工程虚拟仿真实验系统

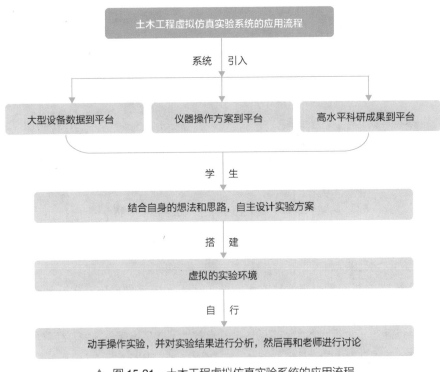

▲ 图 15-21　土木工程虚拟仿真实验系统的应用流程

15.2.2　材料测试虚拟仿真实验系统

材料测试虚拟仿真实验系统是一款材料测试类的虚拟现实实验系统，它解决了实际实验中一些高成本、高消耗的问题，如图 15-22 所示。

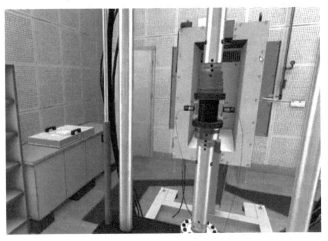

▲ 图 15-22　材料测试虚拟仿真实验系统

材料测试虚拟仿真实验系统共分为两大功能，如图 15-23 所示。

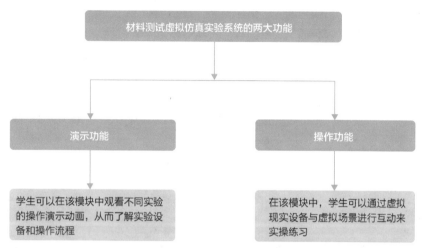

▲ 图 15-23　材料测试虚拟仿真实验系统的两大功能

学生可以在材料测试虚拟仿真实验系统创建的虚拟场景中漫游，了解所有的仪器设备，在操作过程中，如果出现错误操作，系统会给出提示。

和其他的虚拟实验系统一样，材料测试虚拟仿真实验系统也具备低成本、高效率的特点，可以促进老师与学生的实验互动，改善教学的效果。

15.2.3　计量设备虚拟现实实验系统

计量设备虚拟现实实验系统是一个运用虚拟现实技术实现计量实验的系统设备，如图 15-24 所示。

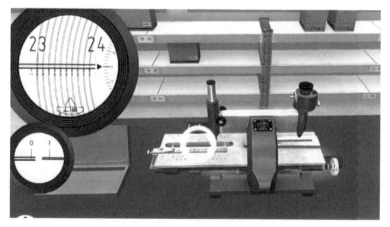

▲ 图 15-24　计量设备虚拟现实实验系统

计量设备虚拟现实实验系统主要包含 4 个部分，如图 15-25 所示。

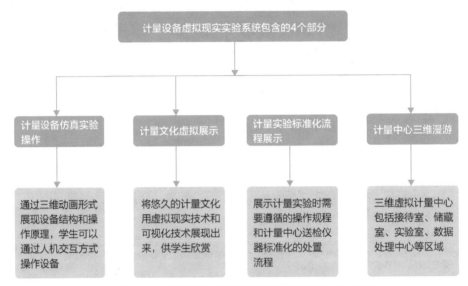

▲ 图 15-25　计量设备虚拟现实实验系统包含的 4 个部分

第 16 章

虚拟现实
在影音媒体领域的应用

学前提示

随着虚拟现实技术的不断成熟，越来越多的领域除了借助其开发具有自身特色的产品外，影音媒体领域也借助该技术为受众带来了交互式的、身临其境式的影音体验。本章主要介绍虚拟现实在影音媒体领域的应用。

虚拟现实在影音媒体领域的应用	16.1	行业分析
	16.2	案例分析

16.1　行业分析

当虚拟现实技术和头戴显示设备在游戏、医疗、城市规划、房地产、工业等领域纵横的时候，有一个产业正在虚拟现实应用中悄悄地崛起，它就是虚拟现实电影产业。

目前的几家大型企业，如三星、谷歌和 Oculus 都希望通过电影的形式将虚拟现实技术带给更多的人。观看电影和视频越来越成为人们喜欢的娱乐方式，因此每一个喜爱电影的人，都是虚拟现实行业的潜在客户。

虚拟现实技术如果能够在电影领域里取得成功，一定会获得非凡的传播效应，成为市场上最主流的产业之一。

然而目前，想要拍摄一部成功的虚拟现实电影并非那么容易，它有两方面的要求，如图 16-1 所示。

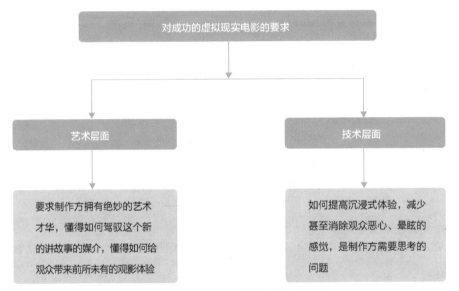

▲　图 16-1　对成功的虚拟现实电影的要求

16.1.1　电视节目

虚拟现实电视节目就是通过虚拟现实技术，将已有的电视节目制作成虚拟节目，让观众通过佩戴虚拟现实头盔就能够沉浸其中。

Next VR 是一家致力于发展虚拟现实电视直播服务的公司，通过特制的摄像机在比赛现场拍摄虚拟现实视频内容，然后通过网络直播提供给三星 Gear VR 用户。2015 年 10 月 28 日，Next VR 在虚拟现实中直播了本季 NBA 赛事的第一场比赛，图 16-2 为 Next VR 拍摄 NBA 虚拟现实直播内容的场景。

▲ 图 16-2　Next VR 拍摄 NBA 虚拟现实直播内容

16.1.2　电影

3D 电影、4D 电影已经走进了人们的生活，现代科技的进步给电影行业带来颠覆性革命的同时，也给观众带来了更好的观影体验，而随着虚拟现实技术的崛起，更多企业开始在虚拟现实领域布局，欲将虚拟现实技术带入电影行业。

- "Story Studio"公司，主要任务是为虚拟现实电影编写剧本和故事，如图 16-3 所示。

▲ 图 16-3　Story Studio 公司

- Oculus VR 花费了 6 个月时间制作了一部虚拟现实短片《LOST》，这个短片完全是互动的，观众被固定在一个场景位置上，只有当观众朝每个方向凝视时，虚拟现实短片中的动作才会进行下去，这样做的效果就好像观众真的迷失了方向一样。
- 三星制作了短片《Recruit》，如图 16-4 所示，而且还签下了《行尸走肉》的执行制片人 David Alpert，计划打造全新的虚拟现实系列影片。

▲ 图 16-4 虚拟现实短片《Recruit》

- 20 世纪福克斯在 2015 年推出了虚拟现实短片《火星救援》，如图 16-5 所示，并收购了一家虚拟现实技术公司，尝试将虚拟和增强现实技术与内容进行结合。

▲ 图 16-5 虚拟现实短片《火星救援》

16.1.3　音乐会

虚拟现实音乐会和其他虚拟视频一样，都是先用特制摄像头记录下现场音乐会的场景，然后用户通过虚拟现实设备就能体验一场身临其境的音乐会了。

虚拟现实影视公司 Jaunt 在 2014 年发布了一段 Mc Cartney 的音乐会视频，如图 16-6 所示，该视频被发布到 Oculus 和 Gear VR 上，用户通过 Google Cardboard、Oculus Rift 或者三星的 Gear VR 等虚拟现实设备，再加上一套兼容的 Android 设备就能下载应用，以 360° 的视角享受不一样的音乐会。

▲ 图 16-6　Mc Cartney 的虚拟现实音乐会视频

16.2　实例分析

在虚拟现实影音媒体领域有很多优秀的案例，本节介绍几个比较典型的虚拟现实影音媒体的案例。

16.2.1　荷兰首个虚拟现实电影院

VR Cinema 是荷兰一家创业公司正准备着手打造的虚拟现实体验电影院，同时该公司计划将虚拟现实电影在欧洲巡回放映，包括图 16-7 所示的城市。

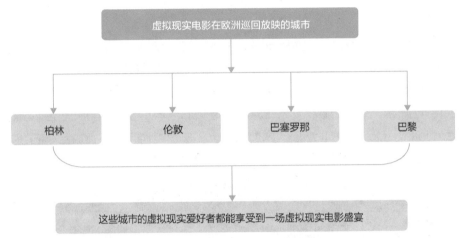

▲ 图 16-7 虚拟现实电影在欧洲巡回放映的城市

与传统电影院相比，该虚拟现实电影院具有图 16-8 所示的特点。

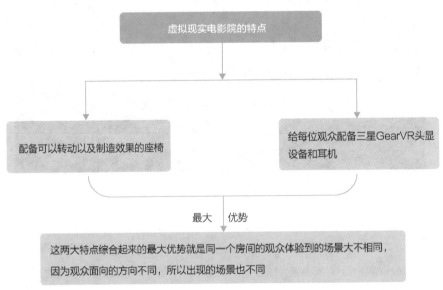

▲ 图 16-8 虚拟现实电影院的特点

16.2.2 圣丹斯电影节虚拟现实项目

圣丹斯电影节是全世界首屈一指的独立制片电影节，与其他电影节相比，其最大的特点如图 16-9 所示。

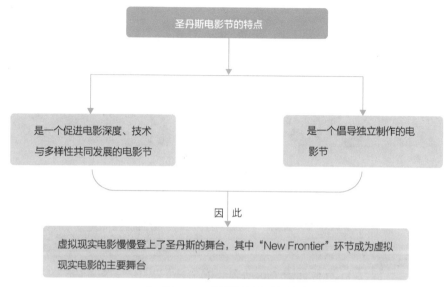

▲ 图 16-9　圣丹斯电影节的特点

　　圣丹斯独立、创新的特点让它成为虚拟现实电影的舞台，2016 年 1 月开幕的圣丹斯电影节有 3 个虚拟现实电影项目登陆，如图 16-10 所示。

▲ 图 16-10　登陆圣丹斯电影节的虚拟现实电影项目

1. 卢卡斯的全息电影探讨项目

　　卢卡斯推出了一个影视媒体实验项目，该项目是影像工作者在实验室通过特制的数码摄像机，从不同角度拍摄出来的全息影像，该项目主要用于探讨全息或虚拟现实电影的细节及表现形式。

2. 将虚拟与增强现实技术融合的 Leviathan Project

　　Leviathan Project 项目会把 VR 技术和 AR 技术同时展现出来，具体表现形式如图 16-11 所示。

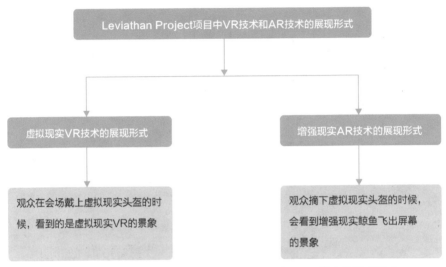

图 16-11　Leviathan Project 项目中 VR 技术和 AR 技术的展现形式

3. 采用互动电影形态的 Immersive Explorers

Immersive Explorers 项目，主要是采用一种互动电影的形态，让观众不再只是从第三视角沉浸在电影中，而是参与到电影的情节中。例如，通过虚拟现实设备一同在古墓中探险，这是非常吸引人的。

16.2.3　谷歌发布虚拟现实电影制作设备

为了在虚拟现实领域更进一步，谷歌发布了一款虚拟现实电影制作设备，这款设备名叫 Google Jump，如图 16-12 所示。

图 16-12　虚拟现实电影制作设备 Google Jump

这款虚拟现实电影制作设备由 16 台 GoPro 相机阵列组成,可以拍摄 360° 的三维照片和视频。

16.2.4　Nurulize 拍摄虚拟现实短片《Rise》

《Rise》是一部由 Nurulize 公司和 David Karlak 导演合作拍摄的虚拟现实短片,该短片主要是利用计算机三维动画技术和摄影感光片技术做成的,包含了摄像机记录的故事模式和画外音,并通过定制的软件让观众可以置身于电影情境中的任意位置。

16.2.5　Audible 的《致命钥匙》虚拟现实体验

2008 年 2 月,插画小说系列《致命钥匙》一经开售,就在一天的时间内销售一空,2015 年,为了庆祝《致命钥匙》有声版本的到来,亚马逊旗下的有声读物公司 Audible 和数字创意机构 Firstborn 联手为畅销漫画《致命钥匙》制作了一个虚拟现实体验视频,如图 16-13 所示。

▲ 图 16-13　虚拟现实体验视频《致命钥匙》

该视频通过全方位环绕音响系统和虚拟现实技术,帮助用户真正沉浸到这个故事中。

16.2.6　洛杉矶交响乐团虚拟现实体验

对于古典音乐爱好者来说,洛杉矶交响乐团的虚拟现实音乐会能够带给他们非常棒的 360° 的视觉和听觉的双重体验,在这个虚拟音乐会中,观众甚至可以坐在著名指挥家 Gustavo Dudamel（古斯塔夫·杜达梅尔）的身后，欣赏贝多芬的《第五交响曲》。

16.2.7 伦敦电影节举办虚拟现实电影展

2015 年 10 月，英国电影协会主办的伦敦电影节与 Power to the Pixel 公司合作举办了虚拟现实故事展，包括的题材如图 16-14 所示。

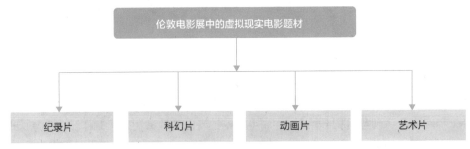

▲ 图 16-14 伦敦电影展中的虚拟现实电影题材

所有题材的电影都会被设计成虚拟现实电影，参展的电影作品共有 16 部，其中不乏大家耳熟能详的作品，如图 16-15 所示。

▲ 图 16-15 伦敦电影展的虚拟现实电影作品

16.2.8 ABC 新闻（ABC News）《Inside Syria VR》

美国 ABC 新闻与虚拟现实影视公司 Jaunt VR 合作制作了虚拟现实新闻报道《Inside Syria VR》，该新闻报道通过虚拟现实技术让观众体验处于危机中的叙利亚的生活，如图 16-16 所示。

▲ 图 16-16 虚拟现实新闻报道《Inside Syria VR》

该虚拟现实新闻报道兼容 iOS 和 Android 系统，这两个系统的用户想要获得该虚拟现实新闻报道，就要进行图 16-17 所示的操作。

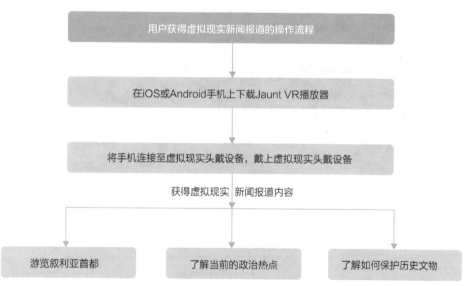

▲ 图 16-17 用户获得虚拟现实新闻报道的操作流程

16.2.9 Vrtify360°虚拟现实演唱会

当很多创业公司将目光放在虚拟现实游戏和虚拟现实电影上的时候，Vrtify 团队嗅到了虚拟现实音乐会的商机，在推出虚拟现实视频应用的同时，开始打造虚拟现实音乐平台。

为了实现 360°拍摄视角和 3D 音效，Vrtify 团队开发了自己的摄像设备和录音设备。在拍摄时，团队会在演唱会现场放置多个可以获取 60 个不同声道的麦克风。

这些麦克风就如同传感器一样，Vrtify 会把这些麦克风收录的信号和原声混合在一起，从而营造出用户就在现场的真实感。

视觉上，用户会感觉自己游走在演唱会现场，走到不同的位置，看向不同的方向，音效都会有所改变。

16.2.10 虚拟现实音乐视频《Song for Someone》

Vrse 公司 CEO 克里斯·米尔克称虚拟现实是人类的终极媒体，它将改变人类享受娱乐的方式。2015 年 10 月，Vrse 公司与 Apple Music 联合为 U2 乐队打造了一部虚拟现实音乐视频——《Song for Someone》，如图 16-18 所示。

▲ 图 16-18 虚拟现实音乐视频——《Song for Someone》

该音乐视频通过虚拟现实技术，让 U2 乐队的歌迷能够通过第三方虚拟现实头戴显示器和 Beats 耳机体验到现场演唱会的氛围，该虚拟现实音乐视频是苹果推出的第一部虚拟现实视频，它象征着苹果踏出了向虚拟现实领域进军的第一步。

16.2.11 三星与 Y&Y 乐队合作推出虚拟现实演唱会

2016 年 3 月，三星与 Y&Y 乐队加入了虚拟现实音乐领域，两者进行首次跨界合作，推出虚拟现实音乐视频，如图 16-19 所示。

▲ 图 16-19 三星与 Y&Y 乐队合作推出虚拟现实演唱会

他们将 3 台处于不同拍摄角度的摄像机设置在演唱会现场，通过虚拟现实技术为歌迷直播一场真正的虚拟演唱会，歌迷只要戴上虚拟现实头显设备，就能足不出户地从任意角度来欣赏演唱会。

16.2.12 虚拟现实外设耳机 Ossic X

将虚拟现实技术应用在影音媒体领域，除了头显设备带来的视觉效果以外，音效元素也非常重要。

Ossic VR 是一家提供虚拟现实专用耳机外设的公司，通过 Ossic VR 的耳机 Ossic X，用户能够获得 3D 的听觉体验，如图 16-20 所示。

Ossic X 内置传感器、头部追踪器和相关程序，用户戴上 Ossic X 后，耳机会根据佩戴者的生理情况将音效自动调节到最佳。

Ossic X 内部有 8 个独立的驱动单元协同工作，这些驱动单元会根据不同人的耳朵构造，做出相应的调整，确保耳机在最佳的位置播放声音，同时驱动单元还会和头部追踪装置协同工作，带来更为真实的声音效果。将 Ossic X 与虚拟现实头显设备结合起来，用户会在视觉和听觉上获得最佳的虚拟现实视频体验。

▲ 图 16-20　Ossic VR 的耳机 Ossic X